ALTA TENSIÓN

Queda hecho el depósito que establece la ley 11.723

Impreso en Argentina

I.S.B.N. 10: 950-553-147-8
I.S.B.N. 13: 978-553-147-9

Calloni, Juan Carlos
  Alta tensión - 1a ed. - Buenos Aires : Librería y Editorial
Alsina, 2006.
  168 p. ; 14 x 20 cm.

  ISBN 950-553-147-8

  1. Electricidad. I. Tfulo
  CDD 621.312 1

JUAN CARLOS CALLONI

ALTA TENSIÓN

Librería y Editorial Alsina
Paraná 137 - C1017AAC Ciudad Autónoma de Buenos Aires
Tel.: 54 11 4373-2942 – Telefax: 54 11 4371-9309
info@lealsina.com   www.lealsina.com

Con todo cariño
a mi hija María Mónica

ÍNDICE

PREFACIO

Los elementos de capacitación técnica que encontrará el lector en este libro, son consecuencia de un trabajo de investigación paciente y ordenado sobre información ofrecida por fabricantes de aparatos y elementos para media y alta tensión.

La finalidad ha sido brindar información actualizada sobre la evolución tecnológica que ha experimentado el material destinado a la alta tensión en la transmisión de la energía eléctrica a distancia y muy especialmente en nuestro país.

Consecuentemente se ha recabado también información adecuada y oportuna en estudios especializados sobre la técnica del proyecto, diseño e instalación de aparatos para la infraestructura específica destinada a la provisión y puesta en servicio de las mencionadas instalaciones, principalmente líneas de transmisión de energía y subestaciones.

Previamente se han desarrollado conceptos básicos y estadísticos sobre la generación de la energía eléctrica y muy especialmente de centrales térmicas, hidráulicas y nucleares como origen de la transmisión en alta tensión a distancia de la energía eléctrica.

No es la finalidad de este libro desarrollar la técnica de las centrales eléctricas con sus diversas instalaciones específicas, pero sí dar al lector una semblanza, a veces histórica, de cómo y para qué se origina en las centrales la energía eléctrica destinada a ser transmitida a distancia para uso en procesos industriales diversos y en el consumo urbano tanto comercial como domiciliario.

A pesar del incesante desarrollo tecnológico, los principios básicos de proyecto, diseño y ejecución de instalaciones para media y alta tensión y correspondientes aparatos de maniobra y protección, siguen siendo en su esencia los mismos, quizá con el agregado incesante de las novedades que ha ido introduciendo la Electrónica, principalmente en el campo de las protecciones. Pero este no es tema del presente trabajo.

Sería injusto silenciar mi agradecimiento a muchas personas que me ayudaron en este propósito, principalmente de capacitación, y entre otros:

a la Editorial Alsina que me motivó a realizar este trabajo,

al Lic. Alejandro Guevara,

al Ing. Luis González, de Diservel SRL y

al Ing. Miguel Barco, de Torres Americanas S.A., por el asesoramiento importante y desinteresado que me ofrecieron.

A todos ellos muchas gracias.

Juan Carlos Calloni

CAPÍTULO I

CONCEPTOS BÁSICOS

a) CENTRALES TÉRMICAS

La energía eléctrica básicamente se genera en centrales térmicas, centrales hidráulicas y centrales nucleares.

Las centrales térmicas en nuestro país emplean como combustible esencialmente los derivados del petróleo como fuel-oil, gas-oil y gas natural.

Las centrales hidráulicas utilizan la energía de las caídas de agua y las centrales nucleares la fisión nuclear.

En el caso de las centrales térmicas, el calor engendrado por la combustión se destina a la producción de vapor en las calderas.

Los quemadores alimentados por gas-oil o gas natural, elevan la temperatura del agua tratada contenida en las calderas para generar el vapor que alimenta las turbinas (axiales o radiales), acopladas a los generadores sincrónicos (alternadores) para la producción de energía eléctrica trifásica a 50 ciclos.

Diferenciamos las centrales térmicas de otras centrales, donde el vapor se genera a través de la fisión nuclear o las geotérmicas, que obtienen el vapor del calor residual de otros procesos o de la energía solar o bien utilizan vapores de otros fluidos en lugar del agua que no trataremos en este trabajo.

Esquemáticamente podemos ordenar los componentes principales de una central termoeléctrica como sigue:

– planta de tratamiento de agua,
– planta generadora de vapor (calderas),
– planta mecánica (turbinas),
– planta eléctrica (alternadores, transformadores de potencia, etc.).

La caída de agua en las centrales hidráulicas moviliza los rotores de las turbinas hidráulicas acopladas a los rotores de los generadores sincrónicos (alternadores) para la producción de energía eléctrica trifásica a 50 ciclos.

Por último las centrales nucleares, producen calor por la fisión nuclear para calentar el agua tratada de calderas que accionan generadores sincrónicos de la misma forma que en los casos anteriores.

El agua de las calderas es tratada químicamente para despojarla de todo tipo de sales e impurezas, de tal manera que al recalentarse el vapor de agua que va a ser utilizado para accionar los álabes de las turbinas estas no sufran erosión por la presencia de impurezas.

El agua, impulsada por bombas centrífugas, se vaporiza a alta presión en un generador de vapor denominado comúnmente caldera. En la caldera el vapor se recalienta a elevada temperatura. Después de alimentar la turbina el vapor se dirige a un condensador para volver a reciclar el agua de entrada a la caldera.

El alto grado de vacío del vapor recalentado tiene además la finalidad de despojar de oxígeno al vapor recalentado para que no erosione sobre los álabes de las turbinas, lo que acortaría su vida útil por la cavitación que produce en el metal de los álabes.

Complementariamente, en establecimientos industriales la utilización del vapor también está destinada a procesos de la producción y más secundariamente a calefacción de uso general.

Este proceso "cerrado" de aprovechamiento integral de la producción de vapor ofrece un comportamiento racional de explotación pero exige inversiones.

Los motores de combustión interna alimentados por gas-oil para accionar alternadores destinados a producción de la energía eléctrica, han caído en desuso por su bajo costo-beneficio en comparación con el servicio eléctrico que prestan las subestaciones de transformación alimentadas por transformadores y líneas aéreas de alta tensión como veremos más adelante.

No obstante su utilización es de emergencias para hospitales, edificios, etc., cuando se corta el suministro eléctrico.

b) CENTRALES HIDRÁULICAS

El potencial de un aprovechamiento hidroeléctrico está dado por dos parámetros fundamentales:

a) altura del salto disponible,
b) caudal de agua disponible.

El estudio del caudal de agua disponible, implica definir:

1) régimen del curso de agua,
2) capacidad del embalse.

Se acostumbra hacer una clasificación de los aprovechamientos hidroeléctricos en función de la altura del salto de agua disponible, para centrales de:

- más de 200 metros de altura (alta presión),
- de 20 a 200 m de altura (media presión),
- menos de 20 m (presión baja).

Esta clasificación determina el tipo de turbina hidráulica a instalar en el aprovechamiento y así podemos definir:

- para alturas mayores se emplean turbinas Pelton,
- para alturas medias se emplean turbinas Kaplan,
- para alturas menores se emplean turbinas Francis.

La potencia de una central hidráulica está dada por la altura H del salto de agua y su caudal Q:

$P = 9,8 \ Q.H.\eta \ (kW)$

Donde:

$9,8$ = cte = constante = 1000 kg/m^3 x 0,736 kW/HP/75 kgm/seg. HP
[Kw . seg/m^3. m]
P = potencia en bornes de los alternadores.
Q = caudal de agua (m^3/seg.).
H = altura útil del salto de agua (m).
η = rendimiento grupo turbina-alternador.

La energía cinética que proporciona el salto de agua es aprovechada en las centrales hidroeléctricas para convertir esa energía cinética accionando los álabes de las turbinas acopladas a los alternadores.

Cuando los ríos aportan un caudal regular de agua durante todo el año, la energía cinética puede ser utilizada sin la necesidad de embalses o bien utilizando uno de pequeñas dimensiones. En este caso las centrales hidráulicas reciben el nombre de *fluyentes*.

En general y por razones estacionales, el curso y caudal de los ríos resultan frecuentemente irregulares, lo que obliga a almacenar el agua en una represa, formándose así un lago o embalse que produce un salto de agua cuya energía cinética acciona convenientemente y sin solución de continuidad los álabes de las turbinas para el accionamiento consecuente de los alternadores.

El agua es almacenada en los embalses para las épocas de escasas lluvias. En este caso las centrales hidráulicas reciben el nombre de *reguladoras*.

La estructura de la central hidráulica puede ser muy diversa según la orografía del lugar de instalación, pero en general pueden agruparse en dos tipos:

a) de aprovechamiento por derivación de agua, que consiste en una pequeña presa que desvía el agua hacia un pequeño depósito llamado de carga. De aquí pasa a una tubería forzada y posteriormnente a la sala de máquinas de la central.

b) de aprovechamiento por acumulación de agua, que consiste en la construcción de una presa de considerable altura en un lugar del río de condiciones orográficas seleccionadas. El nivel de agua se situará en un punto cercano al extremo superior de la presa. A media altura se encuentra la toma de agua y en la parte inferior se encuentra la sala de máquinas con el grupo turbina-alternador. A la central con estas características se la denomina con el nombre de *central a pie de presa*.

Los elementos constructivos de una central hidráulica son, entre otros, los siguientes:

- presa,
- aliviaderos y tomas de agua,
- canal de derivación,
- chimenea de equilibrio,
- tuberías de presión,
- cámaras de turbinas,
- canal de desagüe,
- sala de máquinas.

La participación de la energía hidráulica en la producción de energía eléctrica está supeditada al caudal de agua de los ríos por las precipitaciones pluviales, por lo cual la disponibilidad de potencia en las turbinas hidráulicas puede oscilar de año a año.

Se considera empíricamente que el crecimiento anual vegetativo de energía eléctrica oscila en el 7% anual.

La presa

Es el elemento más importante de la central y depende en gran medida de las condiciones orográficas del emplazamiento, así como también del curso de agua donde se realiza la instalación.

Por la naturaleza de la construcción las presas o represas pueden ser de tierra, mampostería o hormigón armado.

Por razones operativas las más utilizadas son las construidas con hormigón armado y pueden ser de gravedad o de bóveda.

Las de gravedad resisten la presión del agua por su propio peso. Las de bóveda necesitan menos material que las de gravedad y se suelen utilizar en gargantas estrechas.

Los aliviaderos

Los aliviaderos son elementos vitales en las represas y tienen como finalidad liberar el exceso de agua retenida sin que pase a la sala de máquinas. Se encuentran en la pared principal de la presa y pueden ser de fondo o de superficie.

Como su nombre lo indica, la misión de los aliviaderos es la de liberar excedentes de agua retenida y ser aprovechada, por ejemplo, con fines de riego.

Para evitar que el agua pueda producir desperfectos al caer desde gran altura, los aliviaderos se diseñan para que la mayoría del caudal de agua se instale en una cuenca al pie de la presa, llamada de amortiguación.

Para conseguir que el agua salga de los aliviaderos se diseñan grandes compuertas, generalmente de acero, que se pueden abrir o cerrar a voluntad, según la demanda de la situación.

El diseño de los aliviaderos requiere de cálculos muy complejos por el efecto destructivo del agua, que se pueden simular con la teoría de los modelos y haciendo las posteriores aplicaciones conforme a la escala adoptada en el diseño.

Tomas de agua

Las tomas de agua para alimentar las turbinas son objeto también de un diseño cuidadoso en lo referente a los conductos que llegan a las tuberías.

Las tomas de agua se disponen en la pared anterior de la presa que entra en contacto con el agua del embalse. Estas tomas, además de compuertas para regular la cantidad de agua que debe ingresar a las turbinas, poseen rejillas metálicas para retener cuerpos extraños como troncos, ramas y también peces que puedan llegar a los álabes y provocar desperfectos.

Cuando la carga de trabajo de la turbina disminuye bruscamente se produce una sobre presión positiva, ya que el regulador automático de la turbina cierra la admisión de agua.

La chimenea de equilibrio consiste en un pozo vertical situado lo más cerca posible de las turbinas. Cuando se presenta una sobrepresión de agua, el líquido encuentra menos resistencia para entrar al pozo que a la cámara de presión de las turbinas, haciendo que suba el nivel de la chimenea de equilibrio. En caso de depresión ocurrirá lo contrario y el nivel bajará. Con esto se consigue evitar el golpe de ariete que puede destruir una válvula.

De este modo, la chimenea de equilibrio actúa como un muelle hidráulico o un condensador eléctrico en un circuito, es decir absorbiendo o devolviendo energía.

Las tuberías forzadas o de presión se fabrican de acero con refuerzos regulares a lo largo de su recorrido o de hormigón armado, reforzado con espiras de acero que deben estar empotradas al terreno mediante soleras adecuadas.

Cámara de la turbina

En la cámara de las turbinas se encuentran los elementos auxiliares de control y la propia turbina.

Conforme a la naturaleza del salto y caudal de agua que ofrece la naturaleza para emplazar las turbinas, estas máquinas se pueden clasificar en tres tipos:
- Pelton.
- Kaplan.
- Francis.

Las turbinas Pelton se utilizan en saltos de gran altura y regular caudal. Las Francis en centrales de saltos intermedio y caudal variable y las Kaplan en saltos de poca altura y caudal variable.

El eje de la turbina es en todos los casos solidario con el eje del alternador. Normalmente, al girar los álabes de la turbina, la rotación del alternador produce una alta intensidad y una reducida tensión eléctrica.

Los canales de desagüe recepcionan el agua que despide la turbina y la devuelve al cauce del río. No obstante debido a la velocidad de salida del agua de la turbina, el efecto erosivo puede ser importante, por lo que el revestimiento de las paredes se diseña con cuidado.

En la sala de máquinas se encuentran los grupos generadores (alternadores) de energía eléctrica, así como también los elementos auxiliares, pudiendo ser estos exteriores o subterráneos.

Turbinas y alternadores

Las turbinas Pelton se denominan también *turbinas de acción*. Poseen un inyector que transforma la energía potencial almacenada en el embalse en energía cinética. La velocidad de salida del chorro de agua puede llegar a 150 m/s, de tal manera que la tubería forzada (de ahí su nombre) deba construirse en acero especial para garantizar su durabilidad operativa.

No obstante ello, y a causa de las de impurezas arrastradas por el agua, la vida útil se limita a 4.000 horas, tanto para los elementos móviles del inyector como para la válvula de aguja que regula la entrada de agua a los álabes.

La válvula de aguja del inyector de agua tiene la finalidad de regular el caudal de agua que llega a los álabes o cucharas de la turbina de una manera automática y para conseguir que la velocidad de giro que transmite al alternador sea constante.

Existe un elemento de regulación de la fuerza centrífuga que trabaja como un regulador de Watt, subiendo o bajando contrapesos esféricos que actúa sobre el circuito de presión de aceite de la válvula del inyector.

Las turbinas Francis se denominan también *turbinas de reacción*, tienen álabes fijos y en allas la regulación de velocidad se consigue de la misma forma que se describió anteriormente. Existe una diferencia y es que el control de la entrada de agua se hace sobre el distribuidor, variando el flujo de agua que impacta en el rodete, y consiguiéndose que la velocidad se estabilice en forma independiente de las variaciones de carga.

Las turbinas tipo Kaplan tienen los álabes móviles; en ellas el servomecanismo de control está en el mismo cuerpo de la turbina. El rendimiento de estas turbinas es óptimo, aunque su costo supera al de los otros tipos de turbina por la complejidad de su construcción.

Como ya se comentara anteriormente, la particularidad del o los alternadores acoplados al eje de la turbina, genera una corriente alterna trifásica de gran intensidad pero de escaso voltaje. La transformación en alta tensión y reducida intensidad la realiza el transformador de potencia diseñado para cada caso y según la distancia y potencia eléctrica a transmitir por línea de alta tensión a construir para tal fin.

Una subestación transformadora de rebaje alimentará los transformadores de distribución para el servicio eléctrico a los consumidores.

Solidariamente con el eje de la turbina y el alternador, gira un generador de corriente continua, llamado excitatriz, que se utiliza para excitar magnéticamente los polos del estator del alternador, creando así el campo magnético necesario para inducir en el rotor la corriente alterna para la cual fue diseñado el alternador seleccionado.

Centrales hidroeléctricas de bombeo

Las centrales de bombeo son un tipo especial de centrales hidroeléctricas que posibilitan un uso más racional de los recursos hídricos de un país.

Disponen de dos embalses ubicados a diferente nivel o cota, con lo que se compensan las diferencias ocasionadas, debido a que la demanda de carga eléctrica durante el día puede ser variable. Al alcanzar un pico de demanda de energía eléctrica funcionan como una central convencional, generando energía. Al caer el agua almacenada en el embalse superior hace girar el rodete de la turbina solidaria con el eje del alternador. El agua despedida por la turbina, queda almacenada en el embalse inferior. Durante las horas del día en que la demanda de energía es menor (horas de valle), el agua es bombeada al embalse superior para que pueda hacer el ciclo productivo nuevamente. Por ello las centrales disponen de motobombas o alternativamente sus turbinas son reversibles de manera que puedan trabajar como bombas y los alternadores como motores.

Estas centrales mejoran el factor de potencia del sistema, trabajando como cargas en las horas de escasa demanda.

c) DESCRIPCION DE GENERACIÓN

El empleo de la corriente alternada, permite su transformación a distintas tensiones, de manera que independientemente de la tensión de generación, para el transporte de la energía eléctrica se emplea la tensión más conveniente, según la potencia a transportar (esta potencia define el diseño del o los transformadores a seleccionar) y la distancia a la cual debe ser transportada (que define la tensión de línea adoptar).

Prácticamente en todas las centrales del mundo la energía se genera con alternadores sincrónicos accionados por turbinas a vapor o hidráulicas o fuentes de calor de la fisión nuclear para la producción del vapor para accionar las turbinas (en nuestro país las centrales de Atucha I y Atucha II).

Los turbogeneradores son equipos formados por turbinas axiales o radiales alimentadas con vapor sobrecalentado (totalmente exento de humedad para evitar la cavitación sobre los álabes de las turbinas). La energía cinética de este vapor sobrecalentado impacta sobre los álabes de las turbinas, transformándose en trabajo de rotación sobre el eje solidario con un alternador. Se realiza entonces la transformación de energía calórica en trabajo mecánico de rotación.

La generación de energía eléctrica trifásica por parte de los alternadores es producida a una tensión y potencia eléctrica preestablecida por un diseño eléctrico específico, por ejemplo a 13,2 kv y 75 MVA.

La tensión eléctrica generada por los alternadores (generadores sincrónicos), ingresa al primario de un transformador de potencia para ser elevada a 132kv como tensión de salida de una línea para una distribución primaria de energía eléctrica como la indicada en la Fig. I-1, Esquema representativo de un sistema eléctrico de potencia.

La Fig. 1-I representa de manera esquemática el diagrama general de un sistema de potencia eléctrica, en el cual se han indicado las tensiones y potencias normalizadas en nuestro país.

En la parte izquierda se indican los alternadores que aportan a los transformadores ya sea como unidad generadora o como central en conjunto.

La Fig. 2-I representa el esquema de un sistema de potencia con tensiones usuales en nuestro país.

Cabe hacer la acotación de que la tensión de 66kV ha caído en desuso por razones de costo-beneficio, frente al empleo de la tensión de 132 kV que ha sido más aceptada por lograr un mayor aprovechamiento en la transmisión eléctrica a distancia para centros urbanos.

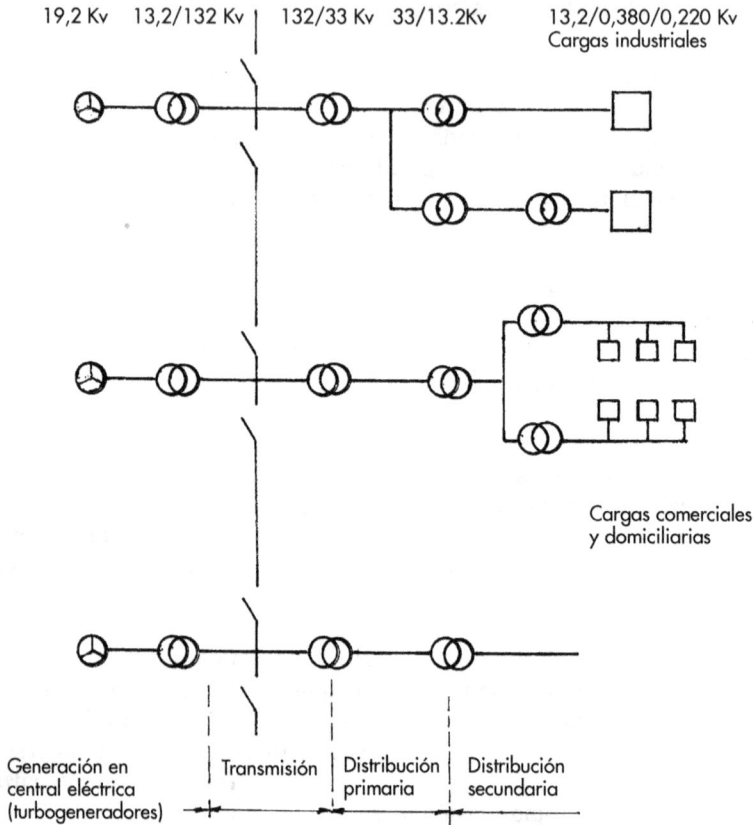

19,2 Kv   13,2/132 Kv | 132/33 Kv   33/13.2Kv   13,2/0,380/0,220 Kv
                                                    Cargas industriales

Cargas comerciales
y domiciliarias

Generación en | Transmisión | Distribución | Distribución
central eléctrica | | primaria | secundaria
(turbogeneradores)

Fig. 1-I. Esquema representativo de un sistema eléctrico de potencia.

La Fig. 3-I representa la disposición de las instalaciones internas en la Central Eléctrica de San Nicolás (4 x 75 MVA + 2 x 10 MVA).

En la central eléctrica de San Nicolás turbogeneradores (unión mecánica de turbina con alternador) de 10 Mw, se acoplan a la red de 13,2 kV, los grupos generadores (turbina-alternador) de 75 MW en 132 kV y el grupo generador de 350 Mw en 220 kV.

En cambio en las centrales hidráulicas de instalación posterior como El Chocón y Salto Grande, la tensión de salida se proyectó en 500 kV.

La Fig. 4-I representa la disposición de las instalaciones internas en la Central Nuclear de Atucha (Pcia. de Buenos Aires).

Interconexiones con otros sistemas

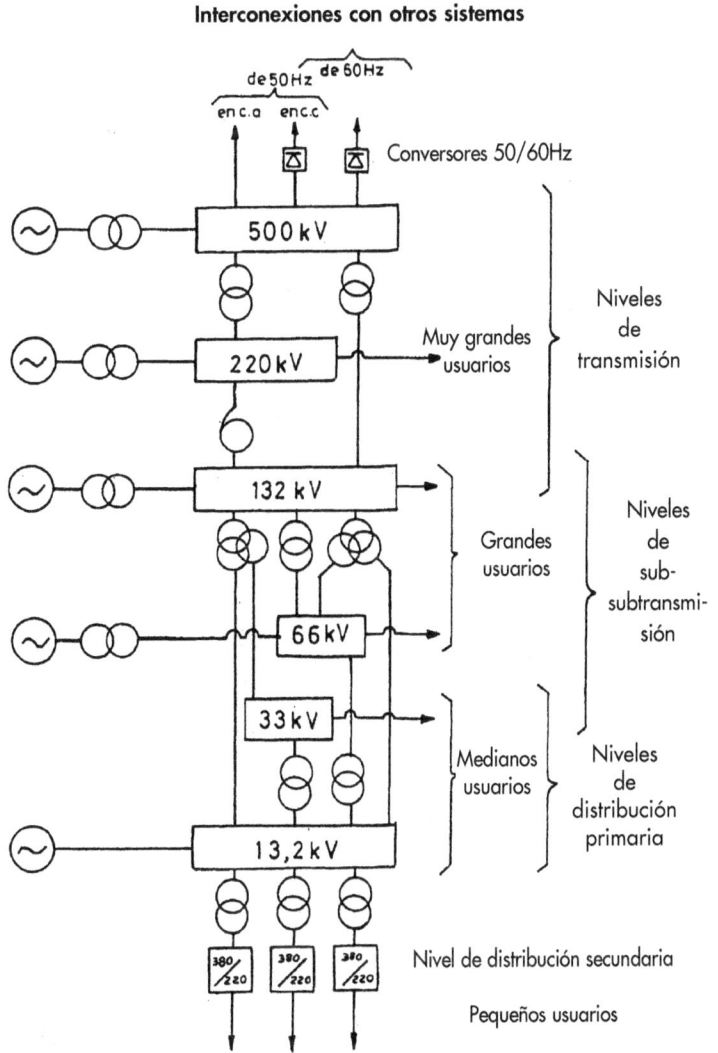

Fig. 2-I. Sistema eléctrico de potencia con tensiones usuales en nuestro país.

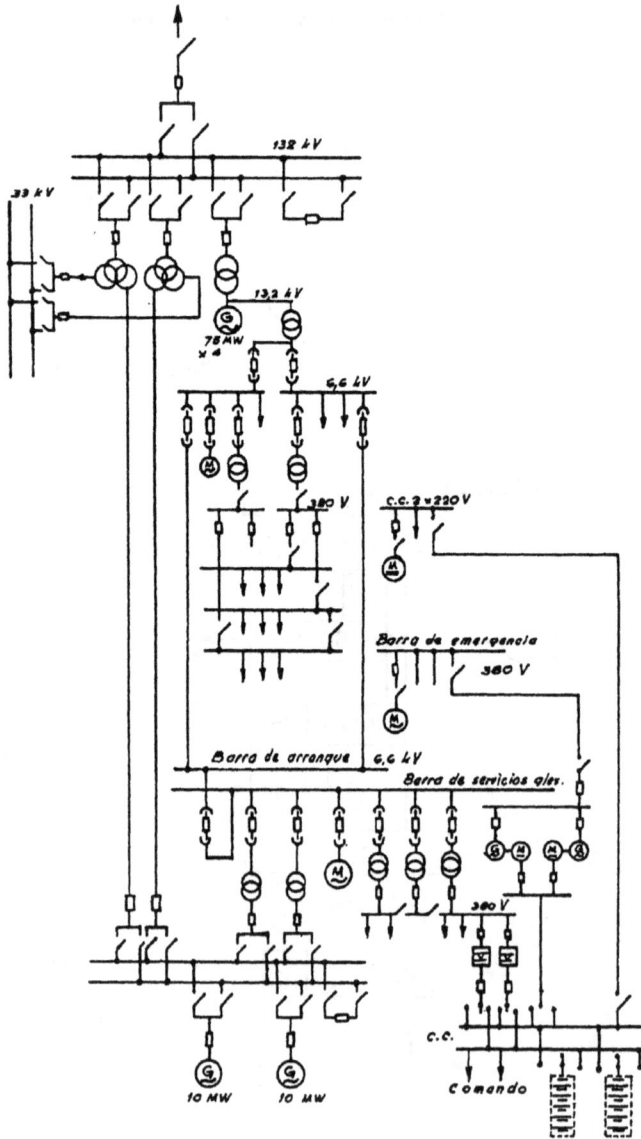

Fig. 3-I. Esquema eléctrico de una central eléctrica con alternadores 4 x 75 MW + 2 x 10 MW generando en 13,2 kV con turbinas.

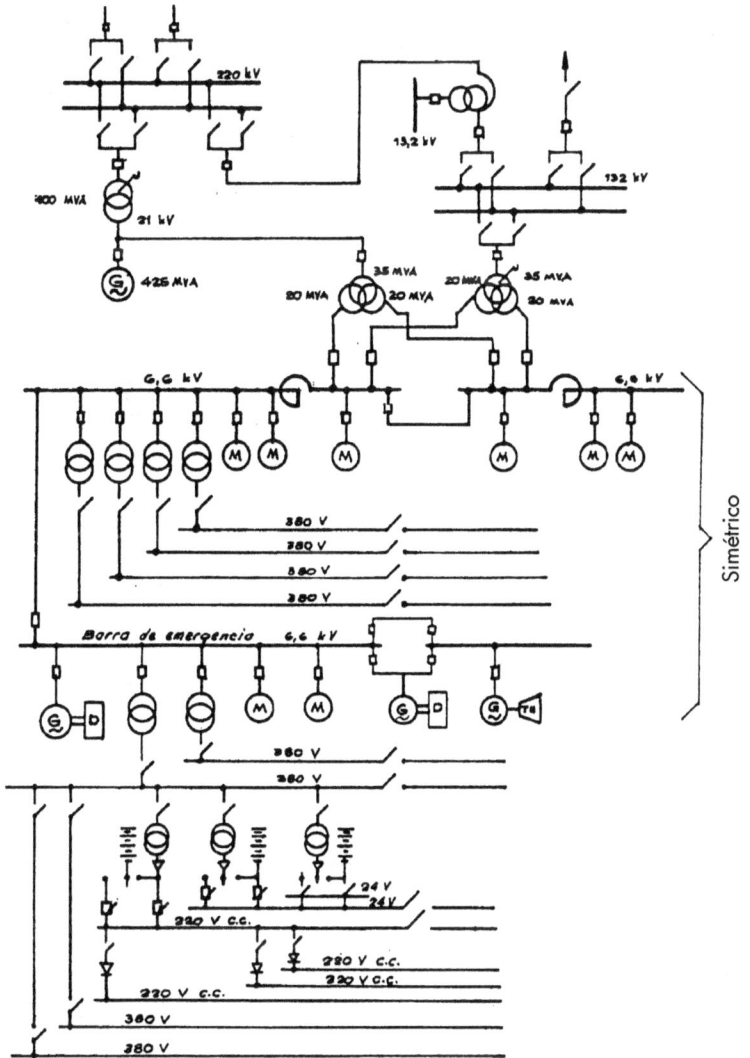

Fig. 4-I. Esquema eléctrico de la central nuclear de Atucha.

La Fig. 5-I ilustra sobre la Red Nacional de Interconexión existente en el país

La Fig. 6-I muestra la disposición geográfica de las Centrales Térmicas que operan en nuestro país.

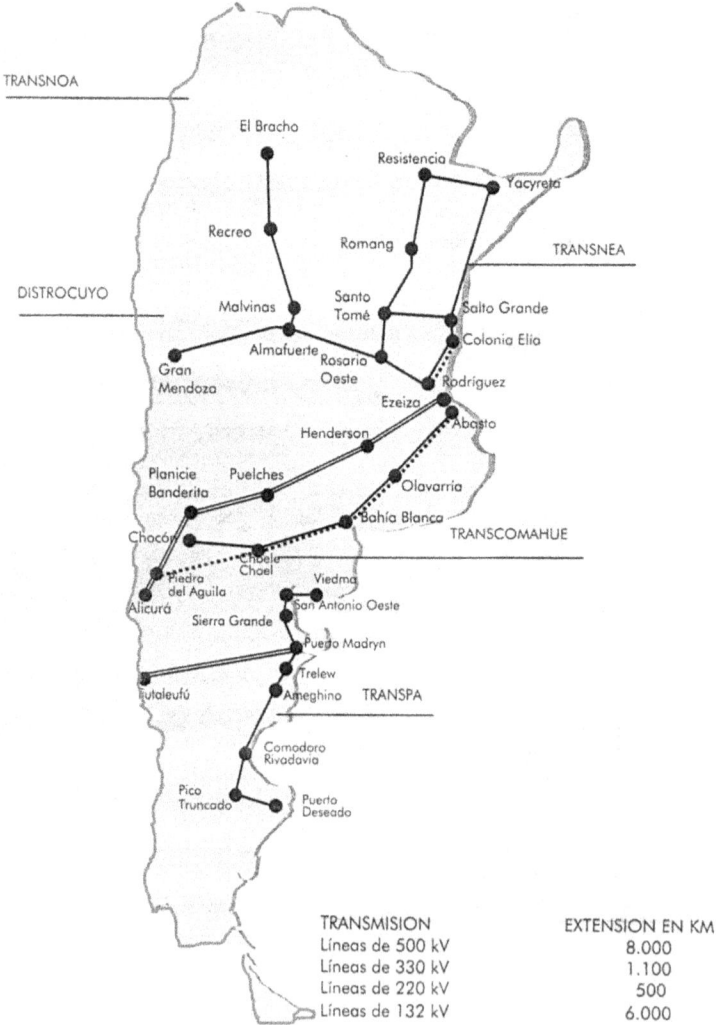

TRANSMISION	EXTENSION EN KM
Líneas de 500 kV	8.000
Líneas de 330 kV	1.100
Líneas de 220 kV	500
Líneas de 132 kV	6.000

Fig. 5-I. Sistema interconectado en alta tensión.

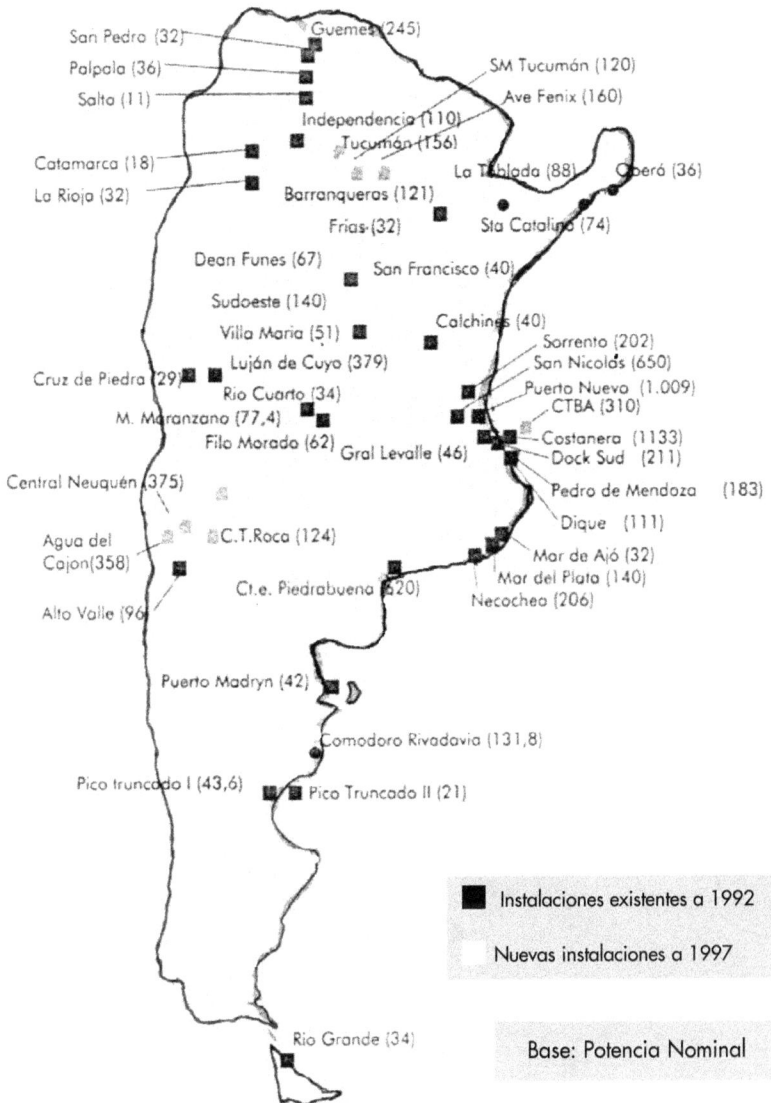

San Pedro (32)
Palpala (36)
Salto (11)
Guemes (245)
SM Tucumán (120)
Ave Fenix (160)
Independencia (110)
Tucumán (156)
Catamarca (18)
La Rioja (32)
La Tablada (88)
Oberá (36)
Barranqueras (121)
Frias (32)
Sta Catalina (74)
Dean Funes (67)
San Francisco (40)
Sudoeste (140)
Villa Maria (51)
Calchines (40)
Sorrento (202)
San Nicolás (650)
Luján de Cuyo (379)
Cruz de Piedra (29)
Rio Cuarto (34)
Puerto Nuevo (1.009)
M. Maranzano (77,4)
CTBA (310)
Filo Morado (62)
Gral Levalle (46)
Costanera (1133)
Dock Sud (211)
Central Neuquén (375)
Pedro de Mendoza (183)
Dique (111)
Agua del Cajon (358)
C.T.Roca (124)
Mar de Ajó (32)
Mar del Plata (140)
Alto Valle (96)
Ct.e. Piedrabuena (620)
Necochea (206)
Puerto Madryn (42)
Comodoro Rivadavia (131,8)
Pico truncado I (43,6)
Pico Truncado II (21)

Instalaciones existentes a 1992

Nuevas instalaciones a 1997

Rio Grande (34)

Base: Potencia Nominal

Fig. 6-I. Información estadística de las centrales térmicas instaladas en el país.

La Fig. 7-I indica la ubicación de las centrales hidroeléctricas y nucleares existentes en el país.

En el Gran Buenos Aires la racionalización de tensiones se decidió a los valores de 132.000, 13.200 y 380 voltios. Dado que el anillo principal en tensión es de 132.000 voltios, la distribución radial quedó descartada por razones de elasticidad para el servicio.

Fig. 7-I. Información estadística de las centrales hidroeléctricas y nucleares instaladas en el país.

El sistema interconectado en anillo es el más apto para incorporar energía de sistemas extraurbanos como lo son el caso de la energía eléctrica proveniente de El Chocón-Cerros Colorados, Yaciretá, Salto Grande, la Central de San Nicolás, etc.

El vínculo entre la producción de energía eléctrica y la demanda para el consumo da lugar a la creciente actividad del transporte de energía eléctrica entre transformadores elevadores (de potencia) y transformadores receptores (de distribución).

La Fig. 8-I ilustra sobre conectores tripulares en la central nuclear de Río III, Pcia. de Córdoba, como salida de un alternador que genera en 23 kV con una intensidad de 23.000 A.

Estos conductos de barra permiten conectar intensidades entre 4.000 y 35.000A con tensiones nominales hasta 33 kV.

Exteriormente, estos conductos tienen una protección metálica y continua, y entre el conductor interno y la envoltura de protección se disponen aisladores de porcelana ampliamente dimensionados desde el punto de vista térmico, eléctrico y mecánico.

Todos los elementos constructivos son herméticos a la intemperie y al polvo.

El material constitutivo es aluminio puro de alta conductibilidad eléctrica para el conductor interno y aleación de aluminio laminado y cuidadosamente conformado para la envoltura externa.

En distintos puntos de su longitud las tres envolturas son unidas entre sí mediante perfiles de hierro que permiten a su vez fijar el conducto de barras a la estructura de la central eléctrica.

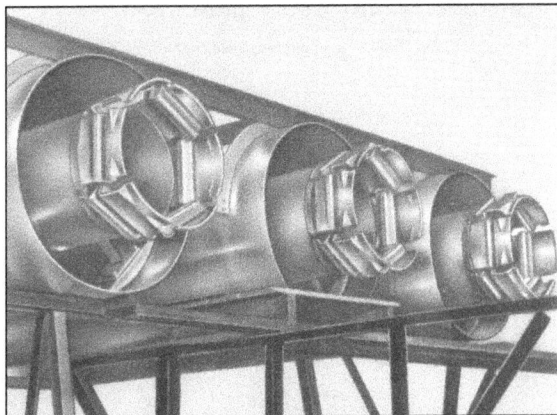

Fig. 8-I. Conector tripolar en la central nuclear Río III (Córdoba) 23 kV 23.000 A.

El sistema no requiere ningún tipo de aislamiento contra tierra, sino, por el contrario, está permanentemente conectado a la misma. Esto lo convierte en un equipo de fácil montaje y seguro contra cualquier tipo de fallas.

Los conductos de barras son cubiertos con una pintura especial, de emisividad térmica predeterminada, en color claro y tonalidad mate.

La Fig. 9-I ilustra sobre otro conducto de barras para grandes intensidades de salida de un alternador para 12.600 A y 20 kV de entrada al transformador de potencia de la playa de la central eléctrica.

Conducto de barras 12.600 A - 20 kV para máquina N° 6 - 350 MW en Central Térmica Costanera de SEGBA.

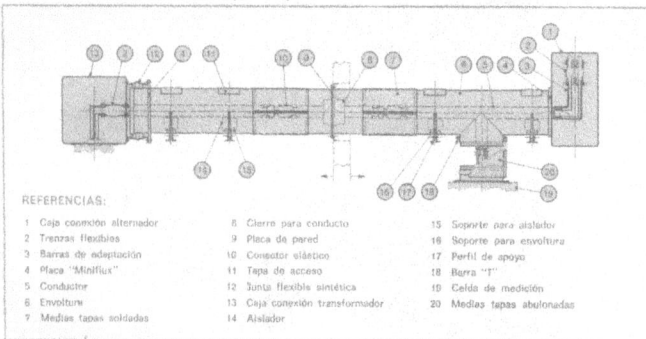

REFERENCIAS:

1 Caja conexión alternador	8 Cierre para conducto	15 Soporte para aislador
2 Trenzas flexibles	9 Placa de pared	16 Soporte para envoltura
3 Barras de adaptación	10 Conector elástico	17 Perfil de apoyo
4 Placa "Miniflux"	11 Tapa de acceso	18 Barra "T"
5 Conductor	12 Junta flexible sintética	19 Celda de medición
6 Envoltura	13 Caja conexión transformador	20 Medias tapas abulonadas
7 Medias tapas soldadas	14 Aislador	

Fig. 9-1. Conducto de barras 12.600 A - 20 kV.

CAPÍTULO II

RAZONES Y FUNDAMENTOS DE LA ALTA TENSIÓN

Con la invención del transformador en el año 1885 por parte de los ingenieros húngaros Zipernowsky, Blathy y Déri y la consecuente fabricación y comercialización por parte del fabricante Ganz instalado en Budapest (Hungría), se impulsa el interés por el desarrollo de la técnica de la alta tensión y principalmente por dos razones:

1. En ciertas aplicaciones eléctricas para obtener resultados físicos y/o químicos derivados de la necesidad del empleo directo de alta tensión (AT).
2. La principal, sin embargo, en los comienzos, fue la necesidad de adoptar la AT para el transporte económico de la energía eléctrica a distancia.

En el caso de importantes recursos hídricos, como los saltos naturales de agua, se comprende fácilmente que la utilización total de los mismos sólo en muy pocos casos puede concretarse cerca del lugar de aprovechamiento, debiéndose por el contrario repartir o destinar las ventajas de la energía hidráulica en una gran extensión de utilización del recurso, lo que obliga a proyectar un transporte de la energía eléctrica a distancia.

En cuanto a los recursos no renovables (carbón, petróleo),pueden sin duda transportarse por vía marítima o terrestre, pero la denominada ecuación costo-beneficio ha obligado a los emplazamientos para el aprovechamiento de estos recursos en el proyecto de centrales térmicas importantes, en donde las turbinas alimentadas por vapor, generado en calderas alimentadas por quemadores que consumen gas-oil o gas natural accionan los alternadores, haciendo así el ciclo de transformación de la energía química, en energía calórica, mecánica y finalmente eléctrica.

La energía eléctrica producida por los turbogeneradores (acoplamiento mecánico de turbina y generador sincrónico o alternador), es acoplada al primario de un transformador instalado en la central térmica que eleva la tensión para transportarla a distancia mediante una línea de transmisión eléctrica en AT.

La conocida ecuación I = P/U, nos indica que para una determinada potencia eléctrica disponible P a transmitir a distancia, si elevamos el valor de U, disminuye el valor de I, siendo P constante.

Dicho en otras palabras, podemos deducir que la transmisión de una determinada potencia eléctrica a distancia será tanto más económica, cuanto más elevada sea la tensión eléctrica adoptada.

No obstante, como el costo de los materiales (aisladores, soportes de la línea, vanos, aparatos de protección y maniobra, transformadores, etc.), aumenta notablemente con los valores adoptados para AT y como por otra parte, las AT originan o producen también pérdidas y problemas por efluvios y además, caída de tensión, calentamiento por efecto Joule, campos magnéticos y eléctricos, etc., resulta que la elección de la tensión de transmisión de la energía se limita a un detallado estudio de factibilidad que se apoya en la ecuación costo-beneficio para el proyecto considerado, pues técnicamente todo es posible, pero económica y financieramente no es así.

Normalización de tensiones

La Reglamentación para Líneas Aéreas Exteriores de Media y Alta Tensión, Edición 2003, que publica la Asociación Electrotécnica Argentina, en adelante Reglamento AEA, en el Punto 5.2, define clases de líneas como:

5.2.1. Clase A. Baja Tensión Vn ≤ 1 kV: son las líneas para distribución de energía eléctrica cuya tensión nominal (o de servicio) es hasta 1 kV.

5.2.2. Clase B. Media Tensión (1 kV ≤ Vn ≤ 66 kV): son las líneas para transporte o distribución de energía eléctrica, cuya tensión nominal es superior a 1 kV e inferior a 66 kV.

5.2.3. Clase BB. Media Tensión con Retorno por Tierra (1kV < Vn ≤ 38 kV). Son las líneas para distribución rural de energía eléctrica, cuya tensión nominal es superior a 1 kV e inferior a 38 kV. En el punto 6.9 (pág. 9 del Reglamento AEA), se explicitan los requerimientos para emplear las líneas de clase BB-"Media Tensión con retorno por tierra".

5.2.4. Clase C. Alta Tensión (66 kV ≤ Vn ≤ 220 kV): son las líneas para transporte de energía eléctrica, cuya tensión nominal es igual o superior a 66 kV y menor o igual a 220 kV.

5.2.5. Clase D. Extra Alta Tensión (220 kV ≤ Vn ≤ 800 kV): son las líneas para transporte de energía eléctrica, cuya tensión nominal es superior a 220 kV e inferior a 800 kV.

Clase 5.2.6. Clase E. Ultra Alta Tensión Vn ≥ 800 kV: son las líneas para transporte de energía eléctrica cuya tensión nominal es igual o superior a 800 kV.

En nuestro país, las tensiones de 66 kV, 220 y 330 Kv han ido cayendo en desuso. Existen líneas de 66 kV en las provincias de Buenos Aires, Mendoza y Córdoba.

Las tensiones de 220 kV y 330 kV también se han ido descartando. En 330 kV existe la línea Futaleufú-Aluar.

En nuestro país se utilizan en general las tensiones de 13,2 kV y 33 kV principalmente para electrificación rural (13,2 kV) o en anillos suburbanos (33 kV) para alimentar transformadores de distribución 33/132, kV destinados a usuarios domiciliarios, comerciales e industriales.

La tensión de 132 kV es la más generalizada en todo el territorio argentino, con subestaciones de rebaje para distribución urbana en la relación de transformación de potencia 132/13,2 kV.

La técnica actual entonces es la utilización de las tensiones nominales 13,2 kV,33 kV,132 kV y sobre todo, la de 500 kV para grandes sistemas interconectados en 500 kV (por ejemplo con Brasil con instalación de conversores porque Brasil utiliza 60 ciclos).

También han caído en desuso los soportes de hormigón armado por razones de costo, transporte, fletes y manipulación en obra y montaje.

La técnica moderna se inclina por la utilización de postes de eucalipto para 13,2 y 33 kV y las construcciones metálicas para líneas de 132 y 500 kV.

CAPÍTULO III

TRANSFORMADORES EN MEDIA Y ALTA TENSIÓN

CONSIDERACIONES TÉCNICAS GENERALES

El físico británico Michael Faraday (1791-1867), descubre en el año 1831, la inducción electromagnética, que es el fenómeno físico en el cual se basa el funcionamiento de los transformadores.

Faraday ya conocía los trabajos del físico danés Hans Christian Oersted (1777-1851) y del francés Andrè Marie Ampere (1775-1836), quienes habían descubierto que la electricidad y el magnetismo estaban biunívocamente relacionados, es decir que se generaba electricidad a partir del magnetismo y se generaba magnetismo a través de la electricidad.

Con esta idea llevó a la práctica la construcción de una bobina con un conductor eléctrico y conectó los extremos a un voltímetro. Tomó un imán, provocó un movimiento de entrada y salida en la bobina y comprobó que la bobina respondía a las variaciones de líneas de fuerza magnéticas provocadas por el vaivén del imán dentro de su espacio, generando tensión o potencial eléctrico sobre cada una de las vueltas de alambre que formaban la bobina y registrando una corriente eléctrica que recorría el alambre conductor de la bobina.

Transmisión de la energía

Hacia 1880, los investigadores advirtieron que la provisión de energía eléctrica fallaba en un detalle básico: la sustentabilidad de la distribución.

En efecto, la distribución dejaba de ser eficiente al aumentar la distancia de servicio porque los cables, por muy buena conductibilidad que tuvieran, no impedían que la resistencia eléctrica aumentara en forma lineal con la longitud.

Esa resistencia disminuía aumentando el diámetro del cable, pero el aumento en la sección y consiguiente peso del cable hacía la distribución económicamente inviable para extensiones de recorrido importante.

Conforme puede deducirse de la expresión $P = U * I = I^2 R$, cuanto mayor sea mayores serán las pérdidas por calentamiento en los cables (efecto Joule).

Una solución que vieron los científicos de fines del siglo XIX, era la provisión de potencia eléctrica P mediante una escasa corriente I y una alta tensión U.

No obstante, llevar esta idea a la práctica presentaba un problema: el aprovechamiento de la energía eléctrica por parte del usuario consumidor. Se necesitaba un elemento cercano al usuario que fuera capaz de recibir potencia eléctrica desde la central eléctrica de generación en forma de alto potencial o tensión U y baja corriente I y la transformase en valores aprovechables para el usuario.

La máquina estática partícipe necesaria para concretar los procesos de transformación de la tensión eléctrica es el transformador.

Por razones constructivas los alternadores instalados en las centrales eléctricas de generación de la energía eléctrica alterna y trifásica, no superan los 20 kV.

Son usuales en los alternadores ya instalados las tensiones de 13,2 kV.

Conforme a la distancia y potencia eléctrica a transmitir, se proyectan y diseñan transformadores de potencia en cuyo primario ingresa la tensión generada por el alternador de 13,2 kV y por el secundario sale la tensión para la línea de transmisión, que puede ser elevada a 33 kV o 132 kV pasando en otro proceso de 132 kV a 500 kV.

Los transformadores elevadores dispuestos en las subestaciones elevadoras construidas en los patios de las centrales eléctricas son denominados transformadores de potencia y los transformadores que llegan a las subestaciones de rebaje son denominados transformadores de distribución.

De una subestación elevadora, sale la tensión a 132 kV y llega a la subestación de rebaje para alimentar un transformador de distribución cuyo secundario puede entregar la tensión a 33 kV o a 13,2 kV.

Normalmente los servicios eléctricos prestatarios del consumo (Edenor, Edesur, Edelap, etc.), alimentan las cámaras de distribución, tanto subterráneas como aéreas (plataformas) mediante anillos en 13,2 kV.

Nota: para mejor comprensión del texto adoptamos el símbolo * para multiplicar y el símbolo $\sqrt{}$ para extraer raíz cuadrada.

Fig. 1-III. Transformador de distribución (servicio de media tensión a baja tensión).

Fig. 2-III. Transformador de distribución (servicio de media a baja tensión).

En las cámaras y plataformas el transformador instalado reduce la tensión de 13,2 kV que deriva del anillo a 220/380 para uso domiciliario, comercial o industrial.

Los consumos de usuarios que exceden los 100 kVA, normalmente son alimentados directamente en 13,2 kV y el cliente se encarga de construir y ofrecer el lugar para emplazamiento de la cámara de alimentación a su establecimiento, edificio de propiedad horizontal, etc., en 13,2/0,220/0,380V.

No es la finalidad de este trabajo analizar la teoría de los transformadores. No obstante se darán conceptos básicos necesarios acerca de la explotación del servicio eléctrico, teniendo en cuenta que los transformadores son componentes básicos de las subestaciones.

a) Transformador de potencia

Se denominan *de potencia* porque están especialmente diseñados para la transmisión de una potencia proyectada a ser enviada a través de una línea de AT estudiada en función de la distancia y la intensidad portadora del conductor seleccionado, generalmente de aluminio con alma de acero, en razón de que el cobre ha ido siendo desplazado por razones de precio.

En función de la operatividad de los transformadores, su servicio puede disponerse a la intemperie o en locales cerrados.

Fig. 3-III. Transformador de potencia (servicio de media a alta tensión).

En función del lugar de instalación pueden ser:

Tipo plataforma (transformadores de distribución).
Tipo poste (electrificación rural).
Tipo subestación (transformadores de potencia o poder).
Tipo cámara subterránea.

De acuerdo al tipo de enfriamiento:
– En baño de aceite mineral y con ventilación forzada o natural por convección.
– Tipo seco.

Especificaciones eléctricas de los transformadores

Al referirnos a los transformadores nos encontramos con terminología específica que trataremos de explicar:

1. Tensión.
Es la fuerza que moviliza los electrones y se expresa como:
V = tensión o diferencia de potencial (Voltios).
kV= kilovoltios (1.000 voltios).
MV= megavoltios (1.000.0000).

2. Intensidad
Es la corriente de partículas eléctricas (electrones) libres que circulan en un cierto sentido dentro del alambre del bobinado y se expresa:
I = Intensidad eléctrica (Amperes).

3. Capacidad o Potencia Eléctrica
Energía necesaria para mantener el flujo de corriente demandado por una carga y se expresa:
P = kV x A = kVA (kilovolt-ampere),
P = MV x A = MVA (megavolt-ampere).

4. Flujo magnético
Líneas de fuerza magnética invisibles que viajan por el núcleo del transformador, proporcionando el campo magnético para producir la inducción que permite la elevación o rebaje de la tensión eléctrica y se expresa como:
φ = flujo magnético (webers)

5. Pérdidas en vacío
Energía consumida por el núcleo de chapas de hierro del núcleo del transformador al estar el primario conectado al alternador u otra fuente

de energía eléctrica (otro transformador) y el secundario sin carga (en vacío), y se expresa:

Pfe = pérdidas en el hierro (Vatios o Watts).

6. Corriente de excitación

Corriente eléctrica que circula por el bobinado del primario del transformador al aplicarle su tensión nominal y con el secundario sin carga (en vacío). Es la intensidad de corriente necesaria para producir el flujo magnético y se expresa en porcentaje de la intensidad nominal:

I exc. = % In.

7. Pérdida de carga

Energía consumida por los bobinados al tener conectada una carga en el secundario y que demanda la intensidad nominal en aquellos bobinados.

Se expresa como pérdida por calentamiento en el cobre y se expresa:

Wcu = pérdidas en el cobre (Watts).

8. Impedancia (tensión de impedancia)

Tensión aplicada al primario, capaz de producir la corriente nominal en el secundario y estando los terminales de este en cortocircuito. Se expresa en porcentaje de la tensión nominal del primario y representa la "oposición" del transformador a la corriente durante el fenómeno de cortocircuito.

9. BIL (Basic Impulse Insulation Level)

Es el nivel básico de aislamiento al impulso (NBI) y representa la capacidad de un transformador de soportar una "sobretensión", producida por un rayo (descarga atmosférica) o por "funcionamiento" de un interruptor de potencia en el circuito de alimentación del transformador por el lado de alta tensión. Indica la tensión máxima (pico de tensión) o sobretensión que debe soportar el equipo.

BIL = Nivel básico de aislamiento (kV).

10. Eficiencia o Rendimiento

Relación entre la potencia útil de salida en el secundario (Ps)y la potencia de entrada en el primario (Pe) y se expresa:

Ps/Pe x 100.

11. Regulación

Variación de tensión a practicar en la bornera del secundario para regular la tensión de salida a la utilización o consumo de los usuarios.

Se produce al entrar en servicio una carga, manteniendo constante la tensión aplicada por el lado primario del transformador de potencia, o sea:

Regulación (%) = $(V_{02} - V_2)/V_2$ x100

Donde:

V_{02} = tensión secundaria sin carga o en vacío.

V_2 = tensión secundaria nominal con plena carga.

El fabricante debe suministrar los valores de pérdidas garantizados en vacío (hierro) y en cortocircuito (cobre o aluminio), corriente de excitación e impedancia del transformador que ofrece. Este análisis se requiere para transformadores a partir de los 500 kVA., y por las siguientes razones:

El precio del transformador = precio de la propuesta + costo de las pérdidas en el hierro y en el cobre o aluminio

Componentes constructivos de los transformadores

Teniendo en cuenta la importancia que tiene el transformador como componente de un sistema para AT, haremos una descripción de la estructura del mismo y en 4 partes:

1. Circuito magnético (núcleo).
2. Circuito eléctrico (bobinados o galletas).
3. Sistema de aislamiento.
4. Cuba y accesorios.

1. Circuito magnético.

El circuito magnético está formado por el núcleo del transformador. Este núcleo se conforma con chapas o láminas de hierro al silicio con grano orientado de bajas pérdidas y muy alta permeabilidad a la magnetización.

El circuito magnético es la parte componente del transformador que permite la circulación del flujo magnético, el cual concatenará con magnetismo los circuitos eléctricos (bobinas) del transformador.

Las chapas o láminas magnéticas que conforman el núcleo están aisladas en ambas caras por medio de un aislante inorgánico que se aplica por el fabricante en el proceso final del planchado y recocido del material de hierro que conforman las citadas láminas.

2. Circuito eléctrico (bobinados o galletas).

Los bobinados son los elementos que componen los circuitos eléctricos del transformador tanto por la parte primaria como por la parte secundaria.

Los bobinados o devanados se fabrican en diferentes tipos, dependiendo del proyecto de transformador y los materiales a utilizar. Básicamente el material empleado es el cobre, pero también se ha generalizado el aluminio por razones de peso y de precio.

Como ya se explicara precedentemente, la función de los bobinados primarios es crear un flujo magnético para inducir en los bobinados del secundario una f.e.m y transferir potencia eléctrica del primario al secundario conforme al principio de inducción eléctrica en una bobina que descubriera Michael Faraday en 1831, y basándose en trabajos anteriores de Hans Christian Oersted y Andrè Marie Ampère. Este proceso se desarrolla con una pérdida de energía muy pequeña por la calidad de las láminas de hierro y materiales aislantes empleados.

3. El sistema de aislamiento.

Constructivamente los transformadores emplean una serie de materiales aislantes, los cuales en su conjunto conforman el sistema de aislamiento.

Este sistema incluye materiales como:

- cartón prensado (presspan),
- papel especial,
- esmaltes y barnices,
- recubrimientos orgánicos e inorgánicos para la laminación del núcleo,
- porcelana (boquillas), reemplazadas por resinas epóxicas,
- madera,
- goma sintética,
- cinta e hilo de algodón,
- fibra de vidrio,
- plásticos, cementos, telas y cintas adhesivas,
- líquido dieléctrico (aceite mineral o aceite de siliconas).

El PBC está ecológicamente cuestionado.

El sistema de aislamiento como su nombre lo indica, aísla eléctricamente los bobinados entre sí y con respecto a masa. También se aíslan eléctricamente las partes o componentes cercanos al núcleo magnético y a las partes metálicas que conforman la estructura, siendo la principal la cuba que contiene los bobinados y el núcleo en baño de aceite mineral.

Los materiales aislantes empleados en la fabricación de los transformadores, apuntan a las siguientes finalidades:

- soportar las sobretensiones operativas por ondas de impulso y transitorias,
- prevenir acumulación excesiva de calor, con una transmisión por convección adecuada,
- durabilidad aceptable de los materiales, con adecuado mantenimiento preventivo propuesto por el fabricante.

En cuanto al aceite mineral aislante los tres propósitos de base son:
- rigidez dieléctrica,
- enfriamiento con eficiencia en la disipación del calor,
- protección del sistema aislante.

A la fecha, el aceite mineral es el sistema ecológicamente más adecuado, pues el PBC ha sido severamente cuestionado.

El aceite mineral requiere un mantenimiento preventivo programado por indicación de los fabricantes y para testear entre otras variables la rigidez dieléctrica, la acidez, componentes indeseables de azufre y consecuencias que puedan ocurrir después del funcionamiento de un interruptor por cortocircuito y debido a las altas temperaturas y efectos electrodinámicos que provoca el cortocircuito sobre la estructura vitalmente operativa del transformador.

4. Cuba y accesorios.

Los componentes operativos de los transformadores y su aceite aislante están contenidos en un recipiente conocido como cuba. La cuba es un recipiente metálico de acero, con disposiciones aletadas tipo radiadores en su superficie para facilitar la disipación de calor por convección y sin perjuicio del aditamento de ventilación forzada. La cuba está convenientemente hermetizada con el objeto, también, de preservar el aceite mineral refrigerante según ya lo hemos comentado con anterioridad, cumpliendo así la función operativa de aceite con altas propiedades dieléctricas y refrigerantes para el conjunto núcleo-bobinados.

La estanqueidad de la cuba debe quedar garantizada para temperaturas entre -5°C y 105 °C medidos en la parte superior del aceite aislante.

El aceite mineral contenido en la cuba, además de su gran rigidez dieléctrica (aislante), debe tener bajo punto de congelación y baja viscosidad, así como alta temperatura de ignición y trabajar como ya hemos dicho exenta de depósitos ácidos y/o alcalinos de carácter corrosivo. La periodicidad de los análisis de aceite viene sugerida por los fabricantes.

Como el aceite refrigerante es volátil, una eventual fuga puede traer aparejado el riesgo de explosión, principalmente si el transformador está instalado en el interior de un edificio o por lo menos, existe la posibilidad de un incendio. Esta es una razón para instalar los transformadores de potencia en lugares a la intemperie.

Si no obstante ello, la instalación en espacio interior es ineludible (cámaras de transformación subterráneas en las veredas, locales en edificios, etc.) o si por su potencia y tensión requieren refrigeración distinta a la que da la ventilación natural, se suele reemplazar el aceite por compuestos líquidos no volátiles e incombustibles, pero adecuadamente fluidos y de excelente rigidez dieléctrica. Hay diferentes marcas comerciales que los fabricantes emplean para estas contingencias.

Siendo los transformadores máquinas para corriente alternada, la potencia activa que suministran depende del factor de potencia de la carga que alimentan. Es por ello que no tiene sentido hablar de capacidad de entrega de potencia activa, sino de capacidad de entrega de corriente a la tensión nominal (Vn).

El producto de In a plena carga por Vn de diseño da la potencia aparente que es capaz de entregar el transformador. Según las condiciones de diseño se la conoce como potencia nominal del transformador a plena carga. Se expresa en VA o más frecuentemente en kVA o MVA.

De la misma manera que están normalizadas las tensiones, también por razones económicas, de seguridad y técnicas se normalizan las potencias de los transformadores destinados a alimentar redes de distribución. Por esta razón se los denomina "transformadores de distribución", ya que suministran la tensión a los usuarios en el rango de 220/380 voltios en corriente alternada para consumo domiciliario, comercial, etc.

Se los encuentra en plataformas aéreas contenidas por postes de hormigón o eucalipto.

La potencia nominal de los transformadores ubicados en plataformas aéreas no excede de los 500 kVA y su fabricación es normalizada.

En cámaras subterráneas destinadas al servicio eléctrico es usual instalar transformadores hasta 1.000 kVA, siendo más frecuente por elasticidad en el servicio y razones de mantenimiento, la instalación de 2x500kVA.

En cambio se denominan transformadores de potencia a los instalados en el inicio (central de generación) y terminación de las líneas aéreas de transmisión de energía (subestaciones)eléctrica.

Normalmente los transformadores de potencia por razones de proyecto se construyen por encargo, es decir su construcción no es normalizada. Intervienen en el diseño potencias y altas tensiones estudiadas.

Características constructivas

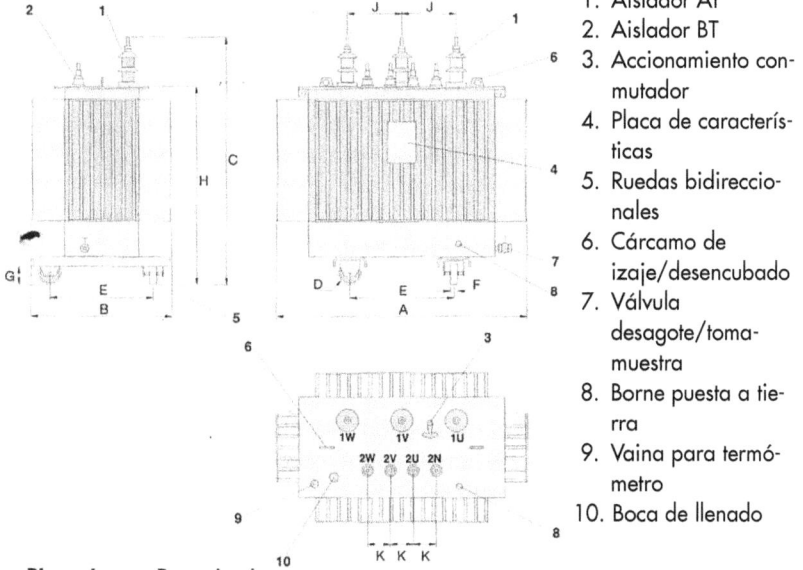

1. Aislador AT
2. Aislador BT
3. Accionamiento conmutador
4. Placa de características
5. Ruedas bidireccionales
6. Cárcamo de izaje/desencubado
7. Válvula desagote/tomamuestra
8. Borne puesta a tierra
9. Vaina para termómetro
10. Boca de llenado

Dimensiones y pesos (mm)

Potencia Nominal (kVA)	63	100	160	200	250	315	500	630	800	1000
A (largo)	850	950	1100	1250	1300	1300	1530	1640	1800	1850
B (alto)	700	750	750	850	850	850	880	950	1030	1050
C (alto)	1150	1150	1200	1250	1400	1400	1450	1500	1550	1700
D (diámetro de rueda)	100	100	100	100	150	150	150	150	150	150
E (distancia entre ruedas)	600	600	600	600	700	700	700	800	800	800
F (ancho de rueda)	40	40	40	40	50	50	50	50	50	50
G (despeje de rueda)	100	100	100	100	130	130	130	37	37	37
H (altura de tapa)	810	805	885	925	1045	1045	1085	1100	1100	1272
J (dist. e/aisladores AT)	265	265	265	265	265	265	265	265	265	265
K (dist. e/aisladores BT)	120	120	120	120	120	120	200	200	200	2000
Pesos (kg)										
Desencubado	240	300	460	500	580	650	885	1070	1320	1670
Aceite	115	145	175	220	260	260	320	395	575	690
Total	470	600	770	910	1100	1180	1545	1950	2500	3030

Fig. 4-III. Especificaciones técnicas para transformadores de distribución.

CONSIDERACIONES TÉCNICAS SOBRE EL PROYECTO

La información comercial referente a la infraestructura necesaria para el proceso de proyecto mecánico y eléctrico de una línea de transmisión eléctrica en AT, se encuentra normalmente en los catálogos de los fabricantes que disponen de laboratorios de ensayo conforme a normas y reglamentaciones nacionales e internacionales para el material ofrecido.

Sin embargo con la finalidad de simplificar este proceso las consultoras de estudios y proyectos desarrollan para licitación o encargo los pliegos relativos a proyectos de ejecución denominados "llave en mano" que contemplan la provisión, instalación y puesta en servicio.

Estas consultoras disponen de la infraestructura de informática (programas Excel, etc.) que permite definir los parámetros de un proyecto y ejecución conforme lo establece el Reglamento AEA y calcular las variables fundamentales Iz, Icc, Id, _U, R, X y proponen los aparatos de maniobra y protección según necesidades operativas, además del cálculo mecánico de las estructuras.

Asimismo, la informática permite optimizar la relación costo-beneficio gracias a las rutinas de asociación y selectividad, así como a la obtención de máxima seguridad eléctrica y mecánica tanto para personas, como para animales y cosas.

Se disponen de programas computarizados de cálculo y proyecto para ser empleados dentro del entorno operativo de Windows, mediante una interfaz completa y a la vez simple, facilitando el proyecto de construcciones para AT.

Es así como se crea y diagrama el esquema unifilar de la instalación mediante el empleo interactivo de un recurso de símbolos correspondientes a los más diversos componentes para subestaciones y líneas para transmisión de energía eléctrica en AT.

La inserción y configuración del esquema se obtiene sencillamente mediante el empleo del "mouse", posicionando los símbolos en los nodos de la línea.

Los programas que ofrecen los fabricantes de material eléctrico permiten especificar las características de los tres dispositivos usuales para el suministro de energía eléctrica a transmitir: alternadores, transformadores de potencia y distribución y líneas de transmisión de energía y redes eléctricas consecuentes.

Los programas de Windows permiten seleccionar las normas (IRAM, IEC, etc.) y lo establecido por el Reglamento AEA, al que se ajustará el diseño, satisfaciendo con total seguridad las exigencias particulares re-

queridas y determinando básicamente las funciones operativas de los circuitos y entre otros:
- cálculo de la sección de conductores,
- cálculo de las diversas corrientes de cortocircuito y fallas a tierra,
- determinación y selección de los dispositivos de protección y maniobra,
- determinación de la coordinación de interruptores, seccionadores y relés,
- estudios de asociación y selectividad.

Los programas de software específicos para cada aplicación desde cálculos complejos como estudios de estabilidad, estimaciones de costos, etc., suministran la posibilidad de impresión en forma completa y detallada, incluyen el esquema eléctrico unificar, resultado de los cálculos y configuración de los circuitos de salida y llegada de la línea de AT.

El Reglamento AEA en el punto 6.1 Disposiciones Generales (pág. 6), establece:

"Para la construcción de las líneas reglamentadas por la presente deberá constar la ejecución de un proyecto particular o normalizado que tenga en cuenta todas las prescripciones electromecánicas, civiles y los parámetros referentes a garantizar las condiciones de seguridad. Deberá contar con dispositivos autónomos de protección que liberen las fallas de fase a tierra (puesta a tierra) en horma automática (funcionamiento de interruptores)".

CALCULO ELÉCTRICO

Constantes características de las líneas

El cálculo de las constantes se refiere a la unidad de longitud de línea que se adopta como de 1 km.

Las fórmulas prácticas, lo suficientemente aproximadas para el cálculo de líneas, son las que enseña la Electrotecnia.

a) Resistencia r

r = ρ l/s k (ρ /km),

donde ρ = resistividad en ohms por km y por mm^2,

Para la frecuencia de 50 ciclos por segundo, los valores medios de ρ son los que se indican:

ρ = 17,6 para el cobre,

ρ = 28,2 para el aluminio,

ρ = 32,5 para Aldrey,

S = sección del conductor en mm^2,

K = coeficiente que tiene en cuenta el efecto pelicular (también llamado efecto "skin", o efecto corona), el trenzado de alambres tanto de aluminio como de acero en los cables Al/Ac.

En general para trenzado de alambres en cables monometálicos de 50 a 150 mm^2, para las densidades normales de corriente y frecuencia de 50 c/seg, se toma k = 1,02 a 1,03.

Los valores indicados se refieren a temperatura ambiente de 20 °C y los coeficientes de temperatura para los distintos conductores, son los siguientes:

Coeficiente de variación de la resistividad en función de la temperatura a 20 °C.

Alambres de:

– Aluminio puro 0,00403/°C.

– Aleación de aluminio (Alumag) 0,0036/°C.

– Cobre 0,00393/°C.

Relación de las características de conductores de aleación de aluminio y aluminio puro con respecto al cobre de igual resistencia eléctrica:

	Cobre	Alumag	Aluminio
Sección	1	1,84	1,61
Peso	1	0,56	0,50

PROPIEDADES DE LOS CABLES

Cable de	Peso específico Kg/dm^3	Coeficiente de dilatación por 1 °C	Módulo de elasticidad kg/mm^2	Carga de rotura kg/mm^2
Cobre	8,9	1,7 x 10^{-5}	13.000	40 min.
Aluminio	2,7	2,3 x 10^{-5}	5600	17 a 19
Aleación de aluminio (Alumag)	2,7	2,3 x 10^{-5}	6000	30 min
Aluminio-acero Al:	2,7	1,85 x 10^{-5}	7700	Al:17 a 17
	Ac:7,85		Ac: 126,9 min	
Acero	Ac:7,85	1,1x10-5	20000	–

Para los conductores bimetálicos de aluminio-acero, valen las siguientes consideraciones:

La presencia de alma de acero (muy poco conductora) reduce mucho la corriente que recorre la parte central del conductor y el efecto corona o pelicular desciende así a un valor despreciable.

El transporte de energía en corriente alternada aumenta la resistencia eléctrica debido a los fenómenos de histéresis y a las corrientes parásitas engendradas en el acero, por la característica del flujo magnético alternado que genera la corriente alternada transportada.

En efecto: se ha comprobado que los alambres trenzados de aluminio, alrededor de los alambres trenzados de acero, forman una especie de solenoide. Las pérdidas por calentamiento en el acero varían con la intensidad del campo magnético que produce la corriente alterna transportada por la línea.

Además las pérdidas por corrientes parásitas varían con el diseño de trenzado de los alambres que conforman el cable y se observan mayores pérdidas en los cables fabricados con una sola capa de alambres trenzados de aluminio.

La tecnología de fabricación amortigua las pérdidas por histéresis cuando se disponen dos capas de aluminio trenzado envueltas en sentido contrario.

Los fabricantes de cables de aluminio con alma de acero (Al/Ac), informan para cada tipo de conductor los valores de resistencia para distintas densidades de corriente.

b) Reactancia x

$x = 2 \pi f L = 2 \pi f (0,465 \log_{10} D/k.r)10^{-3}$ (1b)

donde:

f = frecuencia en ciclos/seg,
D = distancia media entre los ejes de los conductores de la línea.

$D = (D_{12} . D_{23} . D_{31})^{1/3}$.

Donde:

D_{12}, D_{23}, D_{31}, son las distancias entre ejes de los conductores.

r = radio del círculo correspondiente a la sección del conductor, expresada en la misma unidad de medida que D.

k = coeficiente que depende del tipo de trenzado de aluminio. Dato informado por el fabricante del cable.

L = valor de la inducción. Para líneas trifásicas la cuantía del valor de la inducción se acepta como:

$L = 1,30 \times 10^{-3}$ a $1,40 \times 10^{-3}$ Henrios/km.

Los valores de la reactancia x, son en general informados por el fabricante del cable de aluminio-acero, cobre, etc., en forma de tablas a las cuales se puede recurrir para cálculos exactos. Para las necesidades del momento se puede utilizar la expresión dada en la ecuación (1b).

c) Susceptancia b:

$b = 2\pi f C = 2\pi f \, 0{,}02418/\log_{10} D/r \, 10^{-6}$ mho/km.

En general para líneas trifásicas el valor de la capacidad "C" viene dado por la expresión:

$C = 0{,}008 . 10^{-6}$ a $0{,}010 \, 10^{-6}$ F/km.

CAPÍTULO IV

LINEAS AÉREAS PARA MEDIA Y ALTA TENSIÓN

Los conductores empleados en media y alta tensión se ajustan a normas nacionales e internacionales como IRAM y IEC.

Las tensiones normalizadas en nuestro país están establecidas por el Reglamento AEA (ver Cap. II).

PARÁMETROS ESENCIALES PARA LA SELECCIÓN DE UN CONDUCTOR

– Tensión nominal del servicio para la línea,
– especificaciones técnicas del conductor necesario,
– valor previsible de la intensidad de cortocircuito,
– duración del cortocircuito.

CÁLCULO DE LA CAPACIDAD DE CARGA DE UN CONDUCTOR

El diseño define la potencia que un cable puede transportar. La publicación IEC 60287 facilita información para el cálculo eléctrico de un cable.

Por su nivel de complejidad, el cálculo del cable se resume en tres factores fundamentales:

1. temperatura máxima que puede soportar el cable con un razonable coeficiente de seguridad que garantice una vida útil aceptable,
2. disipación adecuada del calor generado por la transmisión de energía que se produce durante el servicio operativo de la línea,
3. condiciones climáticas y ambientales de la instalación de la línea.

La corriente transportada por un cable eleva su temperatura por efecto Joule (I^2R) y otros factores hasta que se establece un equilibrio entre el calor generado por la transmisión de la corriente eléctrica y el que puede disipar conforme a las condiciones operativas del medio ambiente en que presta el servicio.

DETERMINACIÓN DE LA SECCIÓN DE UN CONDUCTOR

En la práctica, la sección de un conductor se determina en base a las siguientes consideraciones:
1. Intensidad máxima admisible en el cable en servicio permanente o sea su intensidad nominal (I_n),
2. intensidad máxima admisible en cortocircuito durante un tiempo determinado,
3. caída de tensión,
4. límites de temperatura para conectores, terminales y accesorios a los cuales el conductor está conectado en su servicio.

Ante todo debe calcularse la corriente máxima permanente que el cable debe transportar, teniendo en cuenta la potencia eléctrica a transmitir y la tensión nominal de trabajo.

En ciertos casos, en lugar de potencia, se dispone como dato directamente el valor de I_n correspondiente al cable (dato suministrado por el fabricante del cable seleccionado).

Un estudio y análisis estadístico de carga o diagrama de cargas para instalaciones similares, donde se pueda estudiar una curva de consumo en función del tiempo, permitirá determinar la corriente máxima permanente a tener en cuenta en el diseño de la línea. Pero esto para el caso de existir fluctuaciones importantes de carga.

Determinando a priori la $I_{máx.}$ permanente que el cable deberá soportar, la sección se determinará siguiendo en general tres criterios:
1. capacidad de $I_{máx.}$ admisible por calentamiento,
2. control de calentamiento por cortocircuito,
3. control por caída de tensión.

Criterio 1. Calculada la $I_{máx.}$ posible y evaluadas las condiciones de la instalación, la sección se determinará conforme a información extractada del catálogo del fabricante de cables y la consideración de las condiciones climáticas establecidas por el Reglamento AEA para la zona climática del tendido de la línea.

Como criterio general, la temperatura máxima de trabajo para los cables está prevista por el fabricante en 90 °C y la temperatura ambiente que rodea al conductor se supone en 40 °C cuando la instalación es aérea y de 25 °C cuando la instalación es subterránea (enterrada).

Por instalación aérea se entiende aquella disposición de los cables en que el aire que circula libremente alrededor de ellos por ventilación natural puede dispar su temperatura de trabajo normal.

Criterio 2. Control de calentamiento del cable por cortocircuito.

Para verificar si la sección de conductor elegida es suficiente para soportar la intensidad de cortocircuito y conocido por determinación el valor de esta última (Icc en amperes) y su duración t (en segundos), se debe verificar la condición:

$I * \sqrt{t} = k * S$.

Donde:

K = coeficiente que depende de la naturaleza del material del conductor (cobre, aluminio, aluminio-acero) y de su temperatura antes y después del cortocircuito (dato que da el fabricante del cable)

S = sección nominal del conductor en mm^2.

La Icc se calcula conforme a Norma IEC 60949

Criterio 3. Control de la caída de tensión.

La caída de tensión en conductores para MT generalmente tiene poca importancia, a menos que se trate de líneas de gran longitud.

Distribución eléctrica en MT

La distribución eléctrica en MT está conformada por conductores desnudos generalmente del tipo Al/Ac o sea de aluminio con alma de acero, construcción que se ha venido generalizando por economía de proyecto frente al costo incesante del cobre.

Los conductores de Al/Ac, en este caso, van apoyados sobre aisladores orgánicos o de porcelana, fijándose en crucetas de madera dura o de material sintético.

La transmisión de energía eléctrica en MT en forma aérea, salvo para electrificación rural, va siendo sustituida gradualmente por las empresas distribuidoras de energía eléctrica, debido a su bajo nivel de confiabilidad en su instalación en centros urbanos muy poblados.

Asimismo producen un impacto ambiental por la necesidad de predación de forestaciones y árboles debido a los contactos de los cables desnudos con ramas de árboles, con la consiguiente salida de servicio de la línea y consecuentes gastos operativos y de mantenimiento, sobre todo después de tormentas eléctricas.

Por otra parte la proximidad de las líneas con marquesinas, balcones, andamios y otras líneas de energía pueden ocasionar el contacto accidental o no con personas provocando accidente que pueden tener consecuencias fatales.

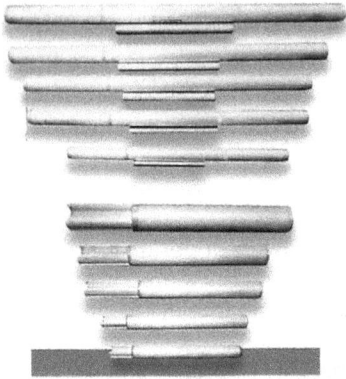

Empalmes para líneas aéreas M.T. y A.T. Serie completa de empalmes a compresión para conductores de Cu, Al, Al-Al. Al/Ac y Ac.

Mangos de reparación

Fig. 1-IV. Empalmes para líneas aéreas MT y AT.

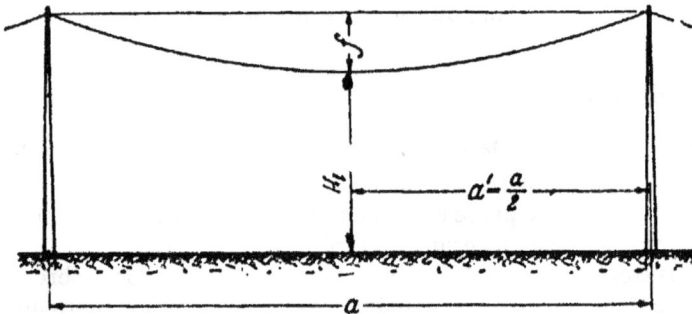

Fig. 2-IV.

TECNOLOGÍA DE LA INSTALACIÓN DE LÍNEAS AÉREAS

La instalación de los conductores desnudos, como ya hemos indicado, se practica fijándolos con ataduras de goma sintética de retención en los respectivos aisladores (Ver Figs. 16 y 17 del Cap. VI), o también con ataduras del mismo material del conductor. La condición de la atadura es asegurar una permanente y perfecta posición del conductor sobre el aislador e impedir un debilitamiento apreciable con el contacto del conducto y efectos de corrosión.

Los fabricantes de conductores recomiendan que la fijación de los mismos al aislador rígido de sostén con perno roscado a la cruceta, se realice en la garganta lateral del aislador, en la parte lo más próxima al apoyo y en los ángulos (desvíos de línea), de manera que el esfuerzo mecánico de tracción del conductor esté siempre dirigido hacia el aislador.

Cuando se establezcan derivaciones o desvíos y salvo que se utilicen aisladores especialmente diseñados para ellos, se debe colocar un solo conductor por aislador (Ver Fig. 5 del Cap. VI).

Los conductores se instalarán de forma que la tracción máxima de los mismos (dato que da el fabricante para cada tipo de cable y además el Reglamento AEA lo especifica como $\sigma_{máx} < 0,70\ \sigma_{rotura}$), o sea tal que el coeficiente de seguridad no sea inferior a 3 y considerando la hipótesis de carga que corresponda.

MATERIALES PARA LÍNEAS AÉREAS

CONDUCTORES DESNUDOS

Por razones de costo-beneficio, el cobre se ha ido reemplazando por conductores de aluminio con alma de acero para la transmisión de energía en media y alta tensión.

La Fig. 3-IV muestra la sección de un cable conformado por trenzas de alambre de aluminio, con otro trenzado concéntrico de alambres de acero.

HILOS O CABLES DE GUARDIA

En líneas aéreas a partir de los 33 kV, este cable tiene la misión de "vehiculizar" a tierra las descargas eléctricas de origen atmosférico que caen sobre las líneas de alta tensión, atraídas por la intensidad de campos electromagnéticos que generan. Concretarmente nos estamos refiriendo a los rayos.

Cada poste tiene su toma a tierra por donde se canaliza finalmente la descarga intensa del rayo.

Los hilos de guardia generalmente se fabrican con trenzas de alambre de acero, aunque otros diseños son en base a alambres de aluminio con alma de acero.

6Al/1Ac   26Al/7Ac

48Al/7Ac   54Al/7Ac   54Al/19Ac

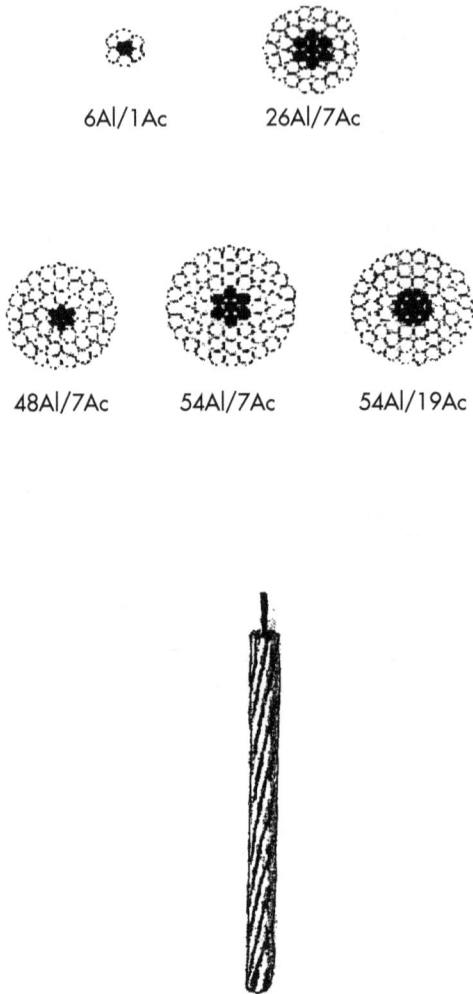

Fig. 3-IV. Conductores desnudos de Al/Ac. Configuración "ACSR".

Características de los conductores desnudos para líneas aéreas

Las denominaciones comerciales para conductores de aluminio. Acero (Al/Ac), son entre otras las siguientes:

Conductores "ACC" (All Copper Conductor)

Este conductor desnudo está elaborado con alambres de cobre cableados helicoidalmente y se emplea para distribución en líneas aéreas.

Conductores "ACSR" (Aluminium Conductor Steel Reinforced)

Son cables de aluminio con alma de acero (ACSR) que se emplean en líneas aéreas para media y alta tensión, conforme a normas y reglamentos para la zona climática de instalación.

Estos conductores están conformados con alambre de aluminio 1350-H19 (extraduro), cableados sobre núcleo de acero y compuesto, según sea la sección, por un solo alambre o por un conjunto de alambres conformando una cuerda.

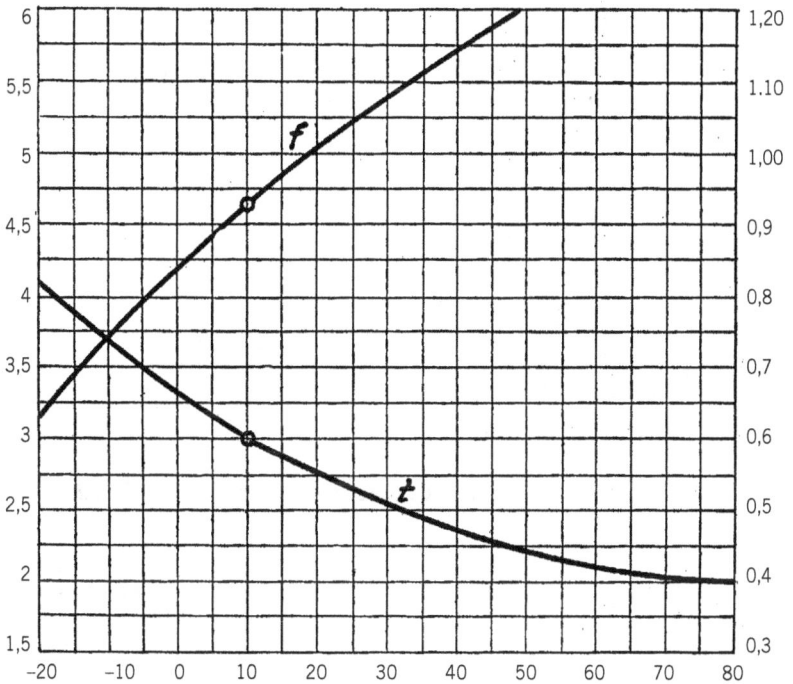

Fig. 4-IV. Modelo ilustrativo de curvas de montaje para conductores de líneas aéreas en media tensión $\sigma = f(t)$ y $\sigma = f(f)$.

Las proporciones de aluminio y de acero pueden variar para obtener la relación eléctrica entre la capacidad de transmisión de corriente y la resistencia mecánica prevista para la tracción durante el montaje de la línea.

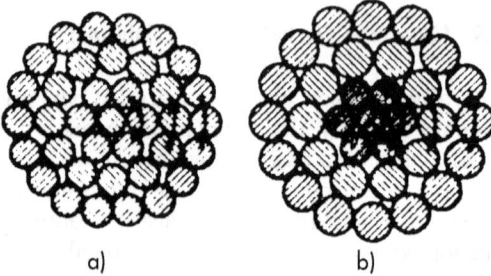

a)

b)

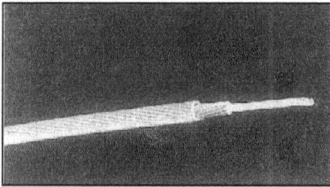

c)

a) Sección cable trenzas de Al.

B) Sección cable trenzas Al/Ac.

c) Cable unipolar Al/Ac para AT.

d) Cable unipolar Cu duro para MT (puesta a tierra y pararrayos).

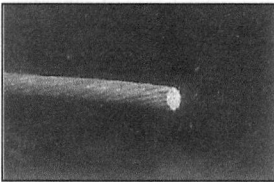

d)

Fig. 5-IV. Configuración de conductores desnudos para MT AT.

El núcleo de acero está compuesto por alambres galvanizados de clase "A". No obstante para una mejor protección ambiental contra la corrosión, se utiliza alambre galvanizado tipo "B". La aplicación de grasa especial sobre el conductor de acero permite una protección adicional contra la corrosión por la acción de agentes atmosféricos como humedad, polución ambiental, etc.

PROPIEDADES DE LOS CABLES

Cables de	Peso específico kg/dm^2	Coeficiente de dilatación por 1 °C	Módulo de elasticidad 7kg/mm^2	Carga de rotura kg/mm^2
Cobre	8,9	$1,7 \times 10^{-5}$	13.000	40 mín.
Aluminio	2,7	$2,3 \times 10^{-5}$	5.600	17 a 19
Aleación de aluminio (Alumag)	2,7	$2,3 \times 10^{-5}$	6.000	30 mín.
Aluminio-acero	Aluminio: 2,7	$1,85 \times 10^{-5}$	7.700	Aluminio 17 a 19
	Acero: 7,85			Acero: 126,9 mín.

Relación de las características de conductores de aleación de aluminio y aluminio puro con respecto al cobre de igual resistencia eléctrica

	Cobre	Alumag	Aluminio
Sección	1	1,84	1,61
Peso	1	0,56	0,5

COEFICIENTE DE VARIACIÓN DE LA RESISTIVIDAD EN FUNCIÓN DE LA TEMPERATURA A 20 °C

Alambres de:
– Aluminio puro, 0,00403 °C.
– Aleación de aluminio (ALUMAG), 0,0036 °C.
– Cobre, 0,00393 °C.

Fig. 6-IV.

Conductores "AAAC" (All Aluminium Alloy Conductor)

Este conductor desnudo está elaborado con alambres de aleación de aluminio cableados en forma helicoidal sobre un núcleo formado por un alambre o cuerda del mismo material.

Fue diseñado para atender necesidades de un conductor económico para circuitos aéreos que requieren en el tensado una gran resistencia mecánica en comparación con los conductores elaborados totalmente de aluminio (AAC) y con una mejor resistencia a la corrosión que los conductores de aluminio con alma de acero (ACSR).

Las combinaciones en el cableado son muy similares a los conductores elaborados íntegramente con aluminio (ACC).

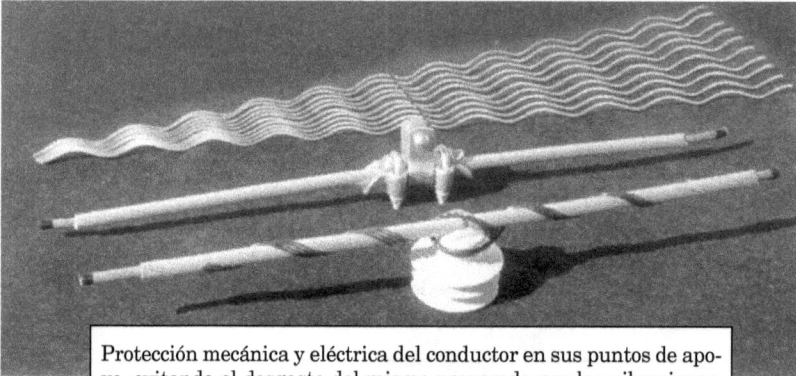

> Protección mecánica y eléctrica del conductor en sus puntos de apoyo, evitando el desgaste del mismo provocado por las vibraciones, descarga por picos de tensión, tracción de tendido, etc.
> Es utilizado además como elemento de reparación del conductor cuando sus alambres se encuentran dañados hasta un 30%.
> En líneas con aisladores de perno fijo se aconseja complementarlo con la atadura sobre preformado.
> Son operables bajo tensión y reutilizables, se suministran con código de color, marca de centrado y etiquetas de identificación.

Fig. 7-IV. Varillas de protección y antivibratorias para conductores de ALAL/ALAC/ACERO/COBRE/ACERO ALUMINIO/ACERO COBRE.

Conductores "ACAR"(Aluminium Conductor Alloy Reinforced)

Este conductor desnudo es uno de los empleados en líneas de media y alta tensión y está alaborado con alambres de aluminio denominado 1350-H19 8 extraduro), cableado sobre un núcleo de aleación de aluminio 6201-T81.

Presenta mayor resistencia a la tracción pero menos conductibilidad eléctrica que los conductores desnudos de aluminio puro (AAC).

La elección del tipo de conductor se realiza siempre sobre el análisis de costos que involucran los precios de instalación de la línea en relación a las disponibilidades financieras concurrentes para la prestación operativa del sistema y entre otros parámetros la pérdida de energía ponderada, tasas de interés sobre capital, amortizaciones, etc.

Centraremos ahora nuestro interés en el cable ACSR, construido conforme a norma IRAM 2187, sobre características de las cuerdas, con resistencia a radiaciones solares de hasta 80 °C, montado sobre aisladores orgánicos o de material sintético, por ser uno de los conductores desnudos más difundidos en líneas de media y alta tensión.

Sección Nominal mm²	Diám aprox. mm	Peso aprox. kg	Carga de rotura kg	Resist. 20°C σ/km	Intens. admisible A	Formación aluminio N°*mm	Formación acero N°*mm
16/2,5	5,4	60	591	1,88	100	6*1,8	1*1,8
25/4	6,8	100	917	1,20	130	6*2,25	1*2,5
35/6	8,1	140	1254	0,835	160	6*2,7	1*2,7
50/8	9,6	195	1713	0,595	195	6*3,2	1*3,2
70/12	11,7	280	2881	0,413	255	16*1,85	7*1,44
95/15	**13,6**	**380**	**3558**	**0,306**	**305**	**26*2,15**	**7*1,67**
120/20	15,5	490	4526	0,327	365	26*2,44	7*1,9
150/25	17,1	600	5464	0,194	415	26*2,7	7*2,1
185/30	19,0	740	6646	0,157	475	26*3,0	7*2,33
210/35	20,03	845	7482	0,138	505	26*3,2	7*2,49
240/40	21,9	980	8675	0,119	565	26*3,45	7*2,68
300/50	24,5	1230	10700	0,0949	650	26*3,86	7*3,0
340/30	25,0	1170	9310	0,0851	670	48*3,0	7*2,33
380/50	27,0	1440	12322	0,0767	715	54*3,0	7*3,0
435/55	28,8	1640	13688	0,0666	765	54*3,2	7*3,2
550/70	32,4	2080	17095	0,0526	865	54*3,6	7*3,6
680/85	36,0	2550	21043	0,0426	1000	54*4,0	19*2,4

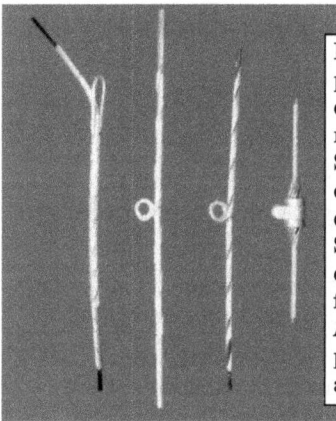

Las ataduras sintéticas para conductores protegidos se suministran tanto para aisladores de perno rígido (a la cabeza) o tipo Line Post (al cuello).

Se proveen con etiqueta de identificación del rango de aplicación del conductor y tipo de aislador.

Satisfacen los ensayos de tracción, envejecimiento acelerado según ASTM G26 y deformación por calor.

Adaptadas de acuerdo a requerimientos para diversas cargas de deslizamiento y arrancamiento.

Fig. 8-IV. Ataduras sintéticas.

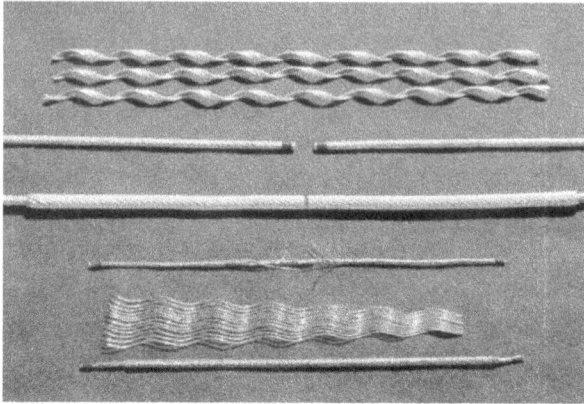

El empalme total es utilizado para la reparación total o parcial de conductores desnudos ya sean: aluminio aluminio, aluminio acero, acero, cobre, acero aluminio, acero cobre, asegurando un 100% la resistencia mecánica y eléctrica de los mismos.

Se proveen en subconjuntos para una fácil colocación, disponiendo en sus caras internas un compuesto antideslizante.

La varilla de reparación parcial es utilizada para reparar los diversos conductores nombrados anteriormente, cuando uno de ellos posee alambres dañados hasta un 25% asegurando el 100% de la resistencia eléctrica mecánica de los mismos.

El empalme de tracción total para conductores de aluminio/acero se provee en tres subconjuntos, recomendados cuando el daño afecta el alma de acero del conductor.

Todos los modelos se suministran al igual que las varillas de protección, con marcas de identificación y centrado.

Fig. 9-IV. Empalmes para cables cortados y reparación de conductores.

Cálculo de la flecha

Se determina con la expresión: $f = g* a^2/ 8* \sigma$ (m) (Ver Cap.VIII) Donde:

g = esfuerzo total sobre el conductor por acción de la fuerza del viento fvc y del peso propio del cable pc y viene dado por la expresión:

$g = \sqrt{pc^2 + fvc^2}$ (Kg * m/mm²) Fig. 5 del Cap.VIII.

Determinado σ y g se puede determinar el valor de la flecha y además el tiro T correspondiente a esa flecha, según la expresión:

T =σ (kg/mm^2) * s (mm^2) = kg, o sea el tiro del conductor en correspondencia con la flecha.

En líneas sobre postes se admite para T un valor máximo de 475 kg (coeficiente de seguridad 3). En el caso de líneas con vanos cortos o numerosos cambios de dirección, el tiro T no debe ser mayor de 350 kg.

En los soportes, el tiro Ts (Ver Fig. 1 del Cap.VII), se calcula con la expresión:

Ts = T + p (h/2 + f) = T [1 + 8*f/a^2 (h + f)/2]

Donde :

p = a la carga en el conductor por unidad de longitud por peso propio y acción de la fuerza horizontal del viento (kg/m).

g = p/s (kg/m *mm^2).

Ts es siempre mayor que T y en el caso de desniveles adquiere su mayor valor en el soporte(poste o estructura) de más elevación. En vanos horizontales donde h = 0, es:

Ts = T (1 + 8 * f^2/a^2)

En los soportes (postes), es aconsejable que Ts no supere los 550 kg para los tiros máximos y 400 kg para los tiros reducidos. Además, deben verificarse las cargas en las riendas de retenciones según la expresión:

R = Ts/sen α (Ver Fig. 2 del Cap.VI).

Siendo:

Ts: el tiro en la cima del soporte en la hipótesis climática más desfavorable para el cálculo mecánico de la línea (Ver Cap. VIII).

α = ángulo formado por la Rienda.

Los conectores a presión tipo cuña son aplicados en líneas aéreas con conductores de aleación de aluminio, aluminio con alma de acero, cables protegidos para líneas compactas o conductores protegidos para líneas convencionales o cables preensamblados, los cuales se utilizan en líneas aéreas de distribución de BT y MT.
Este tipo de conector es adecuado para utilizarlo en conexiones que se encuentren sometidas a esfuerzos mecánicos o de vibración ya sea por efecto del viento o bien propios de la instalación, tales como conexión entre líneas y conexión a equipos. Son de rápida, segura y confiable instalación.

Fig. 10-IV. Conexiones a presión tipo cuña.

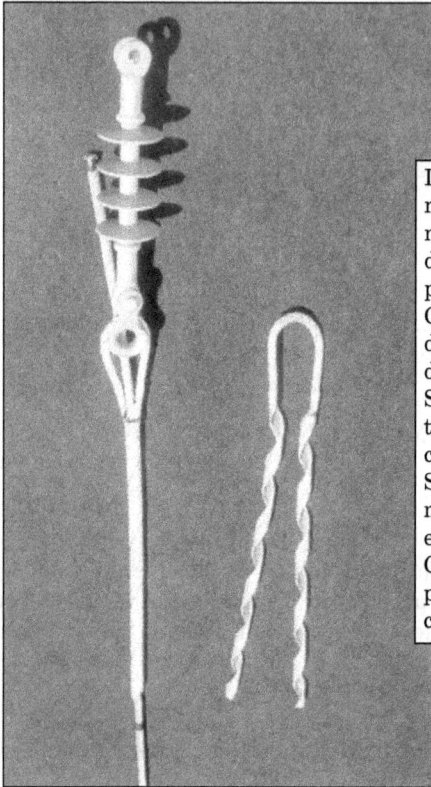

Las retenciones para finales de líneas brindan un anclaje elástico que
minimiza cualquier daño por efecto
de las vibraciones, al realizar una
presión uniforme sobre el conductor.
Como todos los elementos preforma-
dos, se caracterizan por su simpleza
de montaje a mano sin herramientas.
Soportan ampliamente la carga de
tracción hasta el 100% de la resistencia nominal del conductor.
Se suministran con marca de cruza-
miento de las patas, código de color y
etiqueta de identificación.
Como accesorio complementario se
pueden proveer con grilletes guarda-
cabos.

Fig. 10-IV. Retenciones final de línea.

CAPÍTULO V

SOPORTES

TIPOS DE SOPORTES

- **De hormigón armado** (hºaº), centrifugado, vibrado, pretensado o no.

Los soportes de hormigón armado se emplean en la actualidad para 13,2 kV y 33 kV.

Años atrás se utilizaba para 66 kV, pero esta tensión ha ido cayendo en desuso por razones de ecuación costo-beneficio.

En general, los postes de hºaº han ido descartándose por varias razones y entre las más significativas las siguientes:
- costo de fabricación,
- costo de flete y acarreo,
- peso de la estructura,
- manipuleo en obra,
- montaje,
- base de fundación.

- **De eucalipto**: son los postes más utilizados en 13,2 kV y 33 kV, preferentemente en electrificación rural, hasta distancias de 15 km y 35 km respectivamente.

- **De palmera**: se utilizan sólo en redes de distribución aérea para baja tensión y telefonía.

- **De estructuras metálicas** (perfiles laminados de acero): se emplean para tensiones a partir de los 132 kV en adelante y con mucha difusión en líneas de 500 kV con trayectos de grandes vanos entre estructuras.

El armado de los componentes se ensambla en obra mediante partes de acero ST-37 o ST-52, con proceso de zincado en caliente por inmersión para la protección contra el óxido y otros agentes ambientales provocadores de corrosión en estructuras metálicas.

Disposición usual de los soportes

Estructuras de eucalipto, hormigón armado y construcciones metálicas

En tensiones de 13,2 kV y 33 kV es usual, por razones económicas y operativas (y el Reglamento AEA lo permite), el empleo de postes de madera de eucalipto, sometidos a tratamiento de creosotado y salinizado para preservar la madera contra insectos específicos y la consecuente putrefacción por el hincamiento en el suelo.

Además de la creosota, como impregnantes se emplean también óxidos metálicos en gorma de sales(cromo-cobre-arsénico).

Normalmente los postes de madera de eucalipto llevan insertadas chapas antirrajadura en la cima y en la base, para evitar la tendencia natural de la madera a rajarse por efecto del tiempo, humedad, lluvias, acción del sol, etc.

La preparación de los postes de madera de eucalipto por parte de empresas proveedoras especializadas, responde a las Normas IRAM 9530 y 9531.

Las Figs. 1-V, 2-V y 3-V muestran postes de eucalipto con aisladores rígidos de soporte con perno roscado pasante, sin hilo de guardia, aptos para 13,2 kV y 33 kV.

La disposición de armado en la Fig. 1-V se denomina "triangular con tres ménsulas". Las ménsulas también son de madera, pero del tipo de madera dura como el lapacho, curunday, etc.

La disposición de armado de la Fig. 2-V recibe el nombre de "formación horizontal" o coplanar. Es la construcción más difundida para 13,2 kV, hasta distancias de 15 Km. La cruceta también es de madera dura como en el caso anterior y los aisladores del mismo tipo, es decir aisladores de soporte o sostén rígidos, pasantes por la cruceta con pernos roscados con arandela y tuerca.

La disposición de armado de la Fig. 3-V es empleada en líneas de 13,2 kV y 33 kV y se denomina "triangular".

Estas formaciones constructivas no llevan hilo o conductor de guardia, sino Neutro Rígido a Tierra.

Las Figs. 4-V, 5-V, 6-V, 7-V y 8-V, muestran estructuras de h°a°, co-

Postes o soportes de eucalipto para líneas aéreas de 13,2 kV.

Fig. 1-V.   Fig. 2-V.   Fig. 3-V.

munes en líneas existentes de 33kV con distancias hasta 35 km y 66 kV, con la incorporación del hilo de guardia.

El ángulo de protección de 30° que se ilustra en los dibujos, corresponde a la protección eléctrica contra rayos a cargo precisamente del hilo de guardia, que tiene la finalidad de canalizar a tierra las descargas atmosféricas y muy especialmente los rayos que caen sobre la línea, protegiendo a los conductores y a los aisladores de suspensión dispuestos en cadena, aisladores importantes en peso y longitud.

La Fig. 4-V es bien representativa de lo que estamos comentando en cuanto al ángulo de protección de conductores y cadena de aisladores en una disposición de ménsulas en forma triangular con hilo de guardia en la cima.

La Fig. 5-V muestra una estructura de h°a° con el adicional en su cima de una ménsula para alojar el hilo de guardia, arbitrio constructivo para limitar el alto del poste y su consecuente costo de fabricación. Por esta última causa este poste ha dejado de fabricarse y se cita como anécdota constructiva.

La Fig. 6-V ilustra una disposición con ménsula superior y cruceta inferior, sin hilo de guardia.

La Fig. 7-V muestra la disposición vertical o en bandera para los conductores. Es usual encontrar esta construcción en centros urbanos den-

Postes o soportes de hormigón armado (hºaº) para líneas aéreas de 13,2 kV, 33 kV y 66 kV

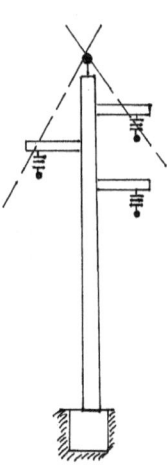

Fig. 4-V.

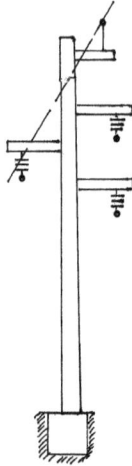

Fig. 5-V.

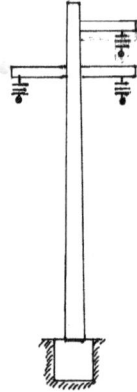

Fig. 6-V.

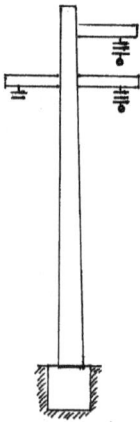

Fig. 7-V.

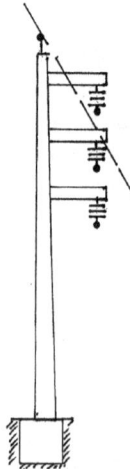

Fig. 8-V.

samente poblados para líneas de 13,2 kV y 33 Kv. Las tres ménsulas se ubican del lado de la calle, alejando así los conductores de la línea de edificación.

La Fig. 8-V muestra una disposición en desuso para 33 kV, apta también para 66 kV con adicional superior para el hilo de guardia.

Las figuras 9-V y 10-V representan estructuras metálicas en forma de torre, con cadena de aisladores de suspensión de los conductores con cierta importancia en peso y longitud por tratarse de construcciones para líneas de 132 kV, con distancias de recorrido similares a la tensión de la línea.

Esquemáticamente en las patas de las torres se han indicado las cimentaciones construidas en hºaº. (Ver Fundaciones en Cap. VII.)

La Fig. 11-V muestra otros tipos de construcciones metálicas en forma de torres para líneas de transmisión en alta tensión.

En la Fig. 12-V se observa una torre metálica tipo "mástil", con algunos parámetros representativos empleados para el diseño de las estructuras y tales como:

– longitud de la cadena de aisladores lk,
– ángulo de protección del hilo de guardia 30º,

Torres metálicas para líneas aéreas de 132 kV

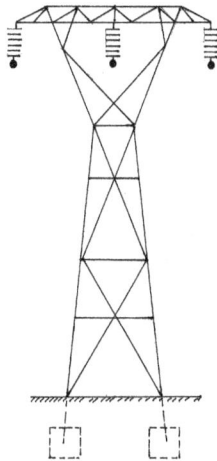

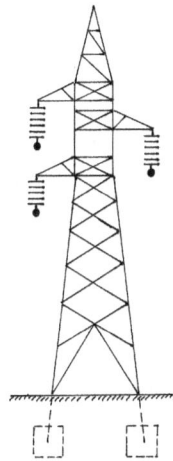

Fig. 9-V.   Fig. 10-V.

- flecha del conductor suspendido de la cadena de aisladores: f,
- expresión para la distancia mínima entre conductores de fase,
- mínima distancia de los conductores de fase con respecto al nivel del suelo.

Torres metálicas para líneas de alta tensión (tipo autoportante)

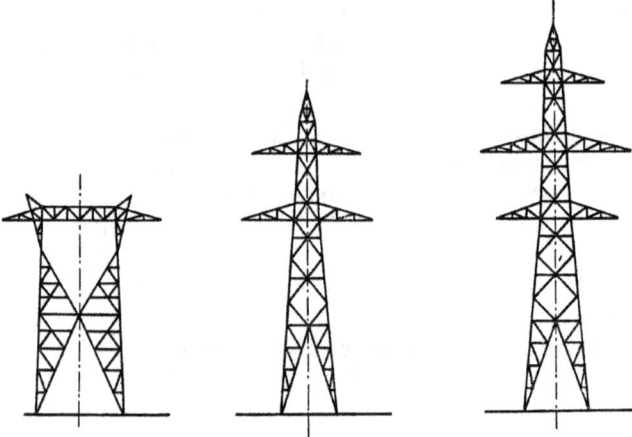

Fig. 11-V.

La Fig. 13-V muestra un poste de hºaº para Retención en terminal de línea de 13,2kV, o 33 kV.

Las Figs. 14-V, 15-V y 16-V ejemplifican otras disposiciones constructivas para simple terna de conductores (Fig. 14-V) y doble terna de conductores (Figs. 15-V y 16-V).

La Fig. 17-V representa una estructura metálica sujetada con riendas, para tensión de 500 kV y vanos hasta 490 metros. Obsérvese la importancia de la longitud y consecuente peso de las cadenas de aisladores de suspensión.

La Fig. 18-V muestra la fijación de un mástil Cross Rope, mediante una rienda sujeta en el suelo con cimentación de hormigón armado.

Las estructuras Cross Rope se utilizan generalmente y en forma exclusiva en líneas para 500 kV.

La Fig. 19-V complementa lo explicado en la Fig. 18-V.

La Fig. 20-V debería estar insertada en el capítulo de subestaciones, pero la finalidad es mostrar los pórticos de llegada, conformados por estructuras metálicas para las líneas de alta tensión a la subestación. Se puede apreciar la silueta de un transformador de potencia.

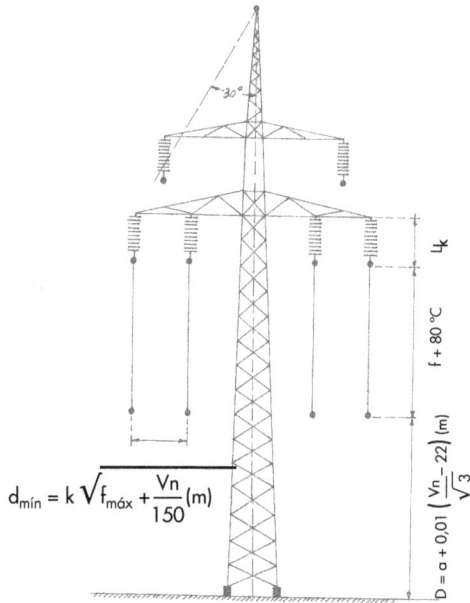

$$d_{min} = k \sqrt{f_{máx} + \frac{Vn}{150}} \, (m)$$

Texto vertical lateral: α: distancias básicas. Punto 7.5.2 pág. 13 Reglam. AEA.

Etiquetas verticales: l_k ; f + 80 °C ; $D = a + 0.01 \left(\frac{Vn - 22}{\sqrt{3}}\right)$ (m)

Fig. 12-V. Torre metálica tipo mástil para línea de alta tensión de 220 kV (se muestran valores característicos y la cadena de aisladores de suspensión para los conductores de fase).

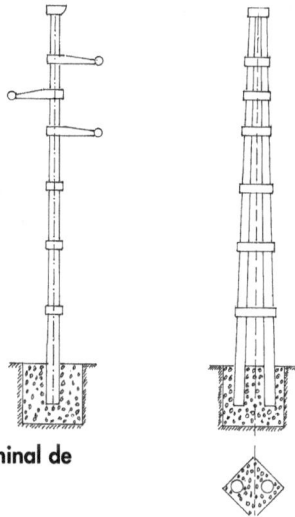

Fig. 13-V. Soporte de h°a° para terminal de línea aérea de 33 kV.

Obsérvense la importancia de la longitud y el consecuente peso de las cadenas de aisladores de retención en las estructuras terminales de hºaº.

La Fig. 21-V muestra una construcción metálica donde también pueden apreciarse las cadenas de aisladores de retención.

La Fig. 22-V ejemplifica el terminal de una línea de 13,2kV, construida en poste de eucalipto con crucetas de lapacho.

La cadena de aisladores de retención permite la bajada de la línea de 13,2 kV hacia el seccionador fusible bajo carga, para finalmente ingresar la alimentación al primario del transformador de 40 kVA en 13,2/0,380/0,220 Kv para electrificación rural, alimentando con energía eléctrica a un establecimiento lácteo, alejado del centro urbano.

La Fig. 13-V complementa lo explicado en la Fig. 22-V. Se muestra el transformador de distribución empotrado sobre el poste de eucalipto y dotado de un pararrayos sujetado en una cruceta inferior que sirve también de apoyo al seccionador fusible bajo carga.

Las Figs. 24-V y 25-V son complementarias de las anteriores, pero muestran claramente la forma de sujetar las crucetas al poste de eucalipto mediante brazos metálicos de hierro galvanizado que reciben el nombre de "tillas".

Obsérvese que la unión al poste se hace con pernos roscados pasantes para tuerca y arandela que complementan a las "tillas" en la horizontalidad y adecuada fijación de las crucetas en el poste.

En la Fig. 26-V se observa una construcción metálica apta para dos ternas de conductores para alta tensión.

La Fig. 27-V muestra una estructura terminal de hºaº, donde se aprecia claramente la disposición de la puesta a tierra para el hilo de guardia y las partes metálicas correspondientes existentes en el soporte.

En la Fig. 28-V se ve una línea con disposición de los conductores en forma vertical o tipo "bandera" para una tensión de 13,2 kV.

La Fig. 29-V muestra una plataforma sobre postes de hºaº, para derivar alimentación en 33 kV al primario de un transformador de distribución de 500 kVA, de cuyo secundario saldrá alimentación eléctrica en 220/380V.

La Fig. 31-V ilustra una estructura de amarre fabricada en hºaº para línea de 33 kV.

Estructuras de pórticos

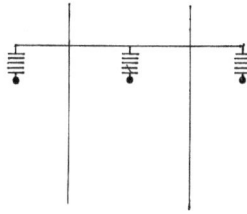 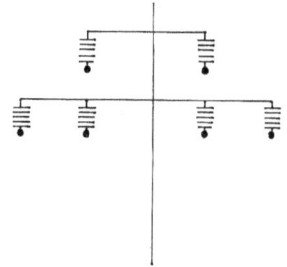

Fig. 14-V.   Fig. 15-V.

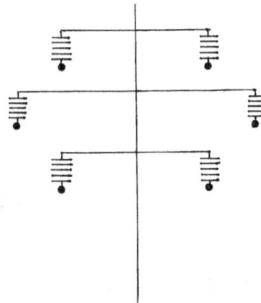

Fig. 16-V.

Estructura metálica de suspensión articulada para línea de 500 kV (vanos hasta 490 m).

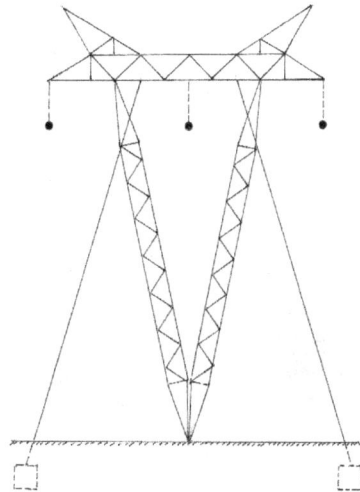

Fig. 17-V.

Fijación de mástil cross rope mediante rienda a cimentación en el suelo para LAT 500 kV.

Fig. 18-V.

Estructuras metálicas tipo Cross Rope para líneas de alta tensión de 500 kV.

Fig. 19-V.a.
Mástil Cross Rope en piquete.

Fig. 19-V.b.
Vista panorámica de la lat 500 kV. Interconexión Choele-Choel-Puerto Madryn. Estructuras tipo Cross Rope 36,5 m. Provisión de 481 estructuras (3.100 tn). Año 2005.

Fig. 19-V.c.
Estructura tipo Cross Rope 36,5 m. Interconexión Choele-Choel-Puerto Madryn. Provisión de 481 estructuras (3.100 tn). Año 2005.

Fig. 20-V.

Fig. 21-V.

Terminal de línea de 13,2 kV para electrificación rural con poste de eucalipto y doble cruceta de madera, con aisladores de retención y bajada a seccionador bajo carga (con fusibles) para transformador de 40 kVA adosado al poste.

Fig. 22-V.

Fig. 23-V.

Electrificación rural en 13,2 kV. Obsérvese la fijación con pernos pasantes de las crucetas de madera dura y las "tillas" (brazos) de h°g° en el poste de retención de eucalipto.

Fig. 24-V.

Fig. 25-V.

Estructura metálica para doble terna de conductores con aisladores de suspensión en 132 kV.

Fig. 26-V.

Funciones de los postes de h°a° y de eucalipto en líneas de 13,2 kV y 33 kV.

Fig. 27-V. Terminal de línea con puesta a tierra.

Fig. 28-V. Disposición vertical (Bandera) en línea de 13,2 kV con poste de eucalipto.

Fig. 29-V. Poste con ménsulas y aisladores orgánicos p/13,2 kV.

Fig. 30-V. Línea 33 kV con hilo de guardia alimentando transformador de distribución 250 kVA 33/0,380/0,220 kV.

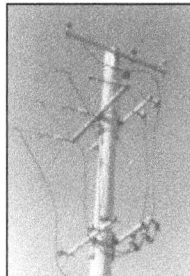

Fig. 32-V. Poste de desvío en eucalipto para línea de 13,2 kV.

Fig. 31-V. Estructura de amarre en la h°a° para línea de 33 kV.

CAPÍTULO VI

FUNCIÓN DE LOS POSTES Y ESTRUCTURAS COMPLEMENTARIAS

En el servicio de una línea, los postes cumplen las siguientes finalidades:

1. SOSTÉN

Como su nombre lo indica, sostienen o soportan los conductores apoyados en los aisladores y estos a su vez en las crucetas, conformando lo que se denomina un piquete o sea la formación de postes a lo largo de la topografía del terreno.

En el caso de líneas con disposición horizontal o coplanar de los conductores, la fase central se dispone en zig-zag para contrarrestar los efectos mecánicos del tiro y además para minimizar la acción de los campos magnéticos y eléctricos que se forman en los conductores de la línea.

2. DESVÍO

Deben soportar los esfuerzos originados en el cambio de dirección de los conductores de la línea,cuando por razones topográficas o de otra índole se modifica el ángulo del piquete.

3. AMARRE

Se prevén para soportar esfuerzos de tracción de los conductores ante la eventualidad de rotura de algún conductor, que provocaría el desequilibrio en el tendido.

– en líneas horizontales o coplanares cada 1.200 metros,
– en líneas verticales o tipo bandera, cada 1.300 metros.

4. TERMINALES

Se utilizan para fijar los conductores con aisladores de retención en el inicio y en el final del recorrido de la línea, soportando el tiro de todos los conductores.

ESTRUCTURAS CONFORMADAS CON POSTES

El tendido normal de la línea se conforma con la instalación de los postes, pero la descripción que hicimos precedentemente, implica contemplar cómo se hacen los refuerzos en el trayecto y/o por distintas circunstancias.

Las estructuras conformadas pueden realizarse con postes de hormigón armado o con postes de madera.

a) Con postes de hormigón
Los postes dobles para desvío, amarre, terminales, se arman en forma vinculada conformando una estructura que debe soportar los siguientes esfuerzos:

a1) según el eje longitudinal, 7 veces la resistencia del poste simple,
a2) según el eje transversal, 2 veces la resistencia del poste simple.

Siempre que sea posible la estructura de poste doble se adoptará con orientación longitudinal (Fig. 1-VI).

En caso de estructura de Desvío, donde la suma de los tiros anteriores y posteriores al piquete dan como resultante un esfuerzo perpendicular a la línea, conviene colocar los postes con orientación transversal.

b) con postes de madera
Como principio general los postes de madera deben tener la resistencia necesaria para soportar los esfuerzos de los momentos flectores de las fuerzas que sobre ellos actúan, sean estas tanto horizontales (fuerza del viento sobre conductores, poste, etc.) como verticales (peso del tramo de conductor, crucetas, aisladores, manguito de hielo si lo hubiere, etc.), además de los esfuerzos de tracción y compresión que se originen.

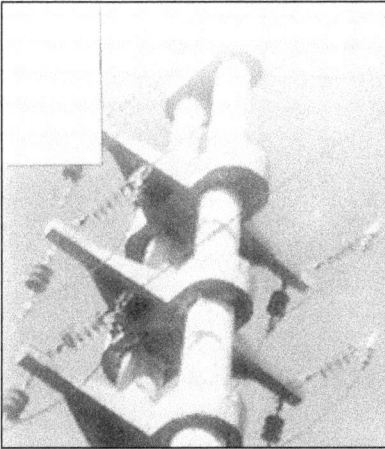

Fig. 1-VI. Estructura de desvío en h°a° para doble terna de conductores en línea de 66 kV. Obsérvese la cadena de aisladores de suspensión (3 aletas) y la cadena de aisladores de retención (5 aletas).

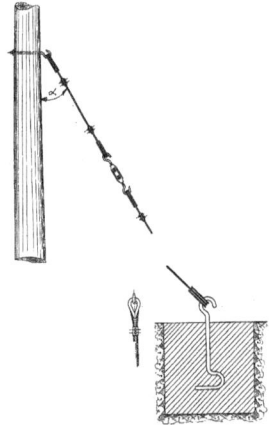

Fig. 2-VI. Rienda de refuerzo a solicitaciones de tracción en poste de eucalipto. Abajo, detalle de la cimentación en h°a°.

En los piquetes con postes de madera (eucalipto) se utilizan refuerzos que incrementan la resistencia del poste en el sentido de las solicitaciones. Los más comunes son:

b1) Rienda (Fig. 2-VI).
b2) Contraposte.
b3) Poste doble paralelo (Fig. 3-VI), que soportan:
   – un tiro igual a 4 veces el del poste simple si están orientados según su eje longitudinal,
   – un tiro igual a 2 veces al del poste simple si están orientados según su eje transversal (en desvío).

En las tensiones de 13,2 kV y 33 kV, el Reglamento AEA permite el uso de postes de eucalipto.

Además, por razones económicas son los postes más empleados en electrificación rural.

Los postes de madera de eucalipto no son cilíndricos, tienen una conicidad que oscila entre 0,6 y 0,8 cm por metro de longitud; se clasifican por su altura y por los diámetros en su base y en su cima.

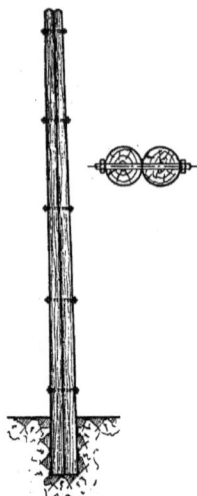

Fig. 3-VI. Poste doble paralelo.   **Fig. 4-VI. Estructura de amarre.**

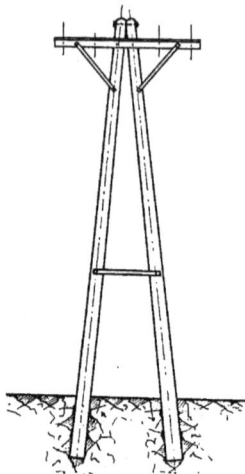

La vida útil de los postes de eucalipto está considerada en 25 años. Este tiempo es relativo y depende de las condiciones de preparación y consecuente mantenimiento en el transcurso operativo de su función.

La instalación o hincamiento se efectúa directamente sobre el suelo en hoyos practicados a tal fin con el consecuente apisonamiento a su alrededor con capas alternadas de cascote y tierra.

No requieren, entonces, la factura de base de fundación o cimentación como es el caso de los postes de hormigón.

El doble poste paralelo (Fig. 3-VI) es una disposición de refuerzo conformada por una unión entre sí de postes simples por medio de pernos pasantes roscados con arandela y tuerca de ½" a ¾" de diámetro.

Cuando los postes de madera no pueden soportar los esfuerzos a que se hallan sometidos en su función de postes terminales de línea, su estabilidad se mejora con la instalación de Riendas, como se muestra en la Fig. 2-VI.

La Fig. 4-VI ilustra sobre el contenido de la Norma IRAM 9253 en cuanto a largo y diámetros para postes de eucalipto.

c) Crucetas

Trataremos las crucetas de madera, en razón de que las construidas con hormigón armado son específicas para los postes del mismo material y ya hemos mencionado su reemplazo por las de material de madera dura (lapacho, curupay, etc.).

La cruceta de madera tiene aplicación en tensiones de 13,2 kV y 33 kV.

Es el componente que sirve de sostén a los aisladores rígidos de soporte sobre los cuales van convenientemente amarrados los conductores de la línea.

La cruceta se fija al poste de eucalipto por medio de un perno con rosca, que siendo pasante por el poste se ajusta con una arandela y tuerca al cuerpo del mismo.

La horizontalidad de la cruceta se consolida con el recurso de unos brazos de hierro galvanizado o zincado en caliente que en el capítulo anterior hemos denominado "tillas" (Fig. 5-VI).

Las crucetas también pueden asegurarse al poste con ayuda de abrazaderas del mismo material que las "tillas", roscadas en sus extremos con la fijación de arandela y tuerca para determinar el grado de ajuste sobre el poste.

Hemos comentado dos elementos, la tilla y la abrazadera, que conforman el conjunto de herrajes varios que se utilizan en las líneas con el nombre genérico de "morsetería".

d) Ménsulas

Las crucetas son los elementos que sirven de soporte, a los aisladores rígidos de sostén sobre los cuales van amarrados los conductores de la línea de transmisión de la energía en media tensión o sea en 13,2 kV y 33 kV.

Actualmente, el material empleado para la confección de crucetas es la madera dura como el lapacho, el curupay y otras, pero se van incorporando crucetas de

Fig. 5-VI. Poste de desvío para cambio de dirección de línea en 13,2 kV.

material sintéticoal uso en líneas de media tensión de 13,2 kV y 33 k.

Las crucetas, tanto de madera como sintéticas pueden ser utilizadas en configuraciones de "alineación", "retención", "desvío" y "terminal" y también son necesarias para el montaje de seccionadores y descargadores de tensión.

En la Fig. 1-VI se pueden apreciar crucetas de cemento, dispuestas sobre poste de hormigón para desvío de línea, en una estructura conformada para doble terna de conductores en 66 kV. Complementariamente, puede apreciarse la cadena de aisladores de retención para el desvío de los conductores de línea.

La Fig. 2-VI muestra una rienda aplicada a un poste de eucalipto terminal de línea de 13,2 kV. Para resistir el esfuerzo de tracción de los conductores, se ha dispuesto una base de fundación en hormigón armado donde va sujetado el otro extremo de la Rienda.

La Fig. 3-VI representa un doble poste paralelo que comentáramos anteriormente, en el punto b3) de este capítulo.

La Fig. 4-VI representa una disposición de amarre construida con postes de eucalipto

La Fig. 5-VI representa la formación de un desvío de línea de 13,2 kV con crucetas sintéticas. En la Fig. 6-VI se muestra una cruceta de madera sujetada a poste de eucalipto con perno pasante y roscado con arandela "grover" para su fijación. La horizontalidad de la cruceta se refuerza con brazos de hierro galvanizado que reciben como ya hemos comentado, el nombre de "tillas".

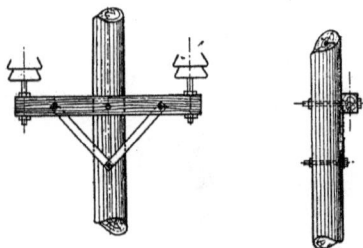

Fig. 6-VI. Fijación de cruceta de madera con perno roscado en el centro del poste de eucalipto. Los brazos de refuerzo en hierro galvanizado son las "tillas".

En la Fig. 7-VI se muestra una disposición similar pero la sujeción de la cruceta en el poste se efectúa con una abrazadera de hierro galvanizado con rosca en las puntas para hacer el ajuste con tuercas y arandelas "grover". Las arandelas "grover", al ser abiertas dan mayor seguridad de sujeción al poste después del roscado.

La Fig. 8-VI ilustra la disposición triangular de aisladores rígidos de sostén para línea de 13,2 kV, pero empleando crucetas de hierro galvanizado (perfil L), aunque, por razones de rigidez mecánica, está más difundido en algunas instalaciones el uso de las crucetas de perfil "U".

La Fig. 9-VI representa una instalación con cruceta sintética sobre aisladores también de material orgánico, para una línea de 13,2 kV.

La Fig. 10-VI muestra también una cruceta de material sintético con aisladores rígidos.

e) aisladores

Genéricamente tratado los tres tipos clásicos de aisladores empleados en media y alta tensión, a saber:

– de suspensión,
– de retención,
– rígidos de sostén.

Los aisladores, como su nombre lo indica, cumplen la función dieléctrica de aislar el conductor de fase de los restantes componentes que conforman la estructura de la línea.

Son entonces el punto de apoyo que tienen los conductores de la línea en todo el desarrollo del piquete y demás estructuras en el comienzo y en el final del recorrido de la línea.

Para 13,2 kV y 33 kV, reciben el nombre de aisladores rígidos de sostén.

Como lo muestra la Fig.

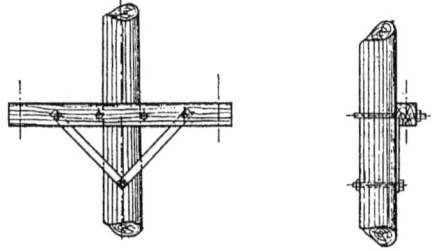

Fig. 7-VI. Fijación de cruceta de madera con abrazadera roscada con tuercas.

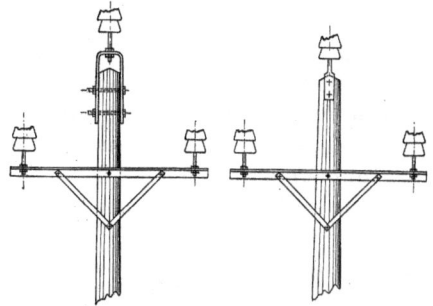

Fig. 8-VI. Poste de soporte de eucalipto con cruceta de hierro galvanizado y aisladores de sostén rígidos para línea de 13,2 kV.

11-VI en sus acepciones a), b) y c), están conformados por un cuerpo que es solidario con un perno central roscado con tuerca y arandela para la sujeción a la cruceta.

La Fig. 12-VI muestra el detalle de los pernos roscados correspondientes a las crucetas de la Fig. 11-VI acepción "c".

Los antiguos aisladores de porcelana han sido reemplazados por otros materiales de fabricación, más económicos, livianos, resistentes a la contaminación ambiental y a los efectos del vandalismo humano (impacto de balas, hondazos, etc.).

A este tipo de aisladores se ha dado en llamarlos "orgánicos", pues son fabricados con materiales sintéticos y entre otros por resinas epóxicas, compuestos de elastómeros, polietileno y resinas sintéticas con comprobada resistencia mecánica a los esfuerzos de tracción, como así

Fig. 9-VI. Cruceta de material sintético para línea de 13,2. Obsérvense los aisladores rígidos de sostén con las ataduras de amarre para los conductores de la línea.

también a la acción de los rayos UV por exposición al sol, cualidades operativas unidas a un menor peso en las unidades y también de menor costo.

Los sistemas aislantes que ofrece la plaza especializada están diseñados para responder a todas las exigencias eléctricas y mecánicas requeridas para media y alta tensión.

– Aisladores de suspensión (cadena de suspensión).

Como su nombre lo indica cumplen la función de llevar suspendido el conductor, a través de tantas aletas como sea la tensión de transmisión, conformando lo que se denomina una cadena de suspensión con peso y número o cantidad de aletas en función de magnitud de la tensión que transmite cada conductor de fase.

Fig. 10-VI. Cruceta de material sintético en poste de alineación (piquete) con aisladores rígidos de sostén para conductores de línea en 13,2 kV.

A manera de orientación, para tensiones de 66 kV pueden llevar 11 aletas, para 132 kV 21 aletas, etc.

En función de los ensayos en laboratorio conforme a normas, el catálogo de los fabricantes suministra al proyectista de líneas todos los parámetros inherentes a las necesidades de cada tipo de aislador específico.

En las figuras del Capítulo V y más precisamente a partir de las Figs. 9-V, 10-V y 12-V, están bien ejemplificados las cadenas de aisladores para suspensión de los conductores de fase.

– Aisladores de retención (cadena de retención).

Como su nombre lo indica, son aisladores, generalmente también conformados por cadena una de elementos en función de la tensión de la línea, que cumplen la función de retener a los conductores en las estructuras de "Terminal", "Desvío", "Amarre", etc.

En las Figs. 1-VI y 5-VI podemos visualizar bien el concepto de cadena de aisladores de retención. En los extremos de la cadena, van dis-

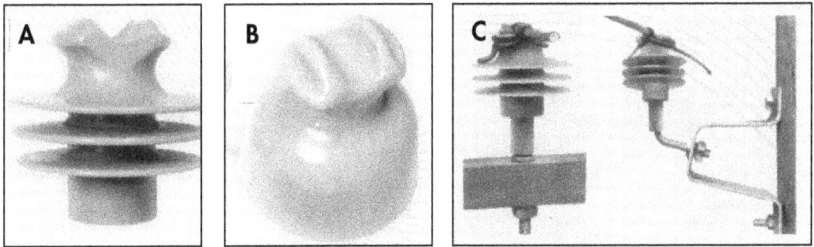

Fig. 11-VI. a) Aislador rígido de soporte para 33 kV. b) Aislador rígido de soporte para 13,2 kV. c) Fijación de aisladores para 13,2 kV y 33kV en crucetas de madera.

puestos ojales de hierro galvanizado para la vinculación con las estructuras de sostén por un lado y los conductores de línea por el otro.

– Aisladores de sostén o soporte.

Finalmente los aisladores rígidos de sostén o soporte son los empleados en líneas de 13,2 kV que ya hemos descripto al citar la Fig. 11-

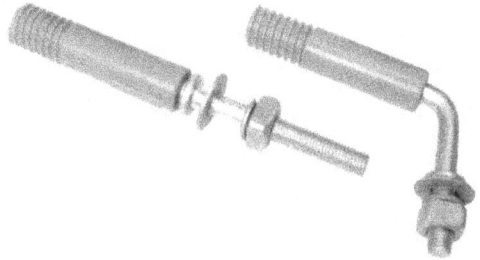

Fig. 12-VI. Pernos roscados para aisladores de la Fig. 11-VI.

VI; se sujetan a la cruceta (de madera o sintética) con pernos roscados como los indicados en la Fig. 12-VI.

Otras muestras de estos aisladores de soporte las vemos en las Figs. 13-VI y 14-VI.

La Fig. 15-VI muestra aisladores de retención, donde pueden apreciarse los ojales para sostener o retener en un extremo al conductor de fase y en el otro extremo a la cruceta correspondiente del poste

En las Figs. 16-VI y 17-VI se observan detalles de cuerdas especiales para la atadura de los conductores de fase en aluminio-acero en las cabezas o laterales, conforme al diseño del aislador seleccionado.

La Fig. 18-VI muestra aisladores de suspensión conformados por componentes de porcelana. Estos aisladores han caído en desuso por razones de costo, peso, vulnerabilidad a los francotiradores, contaminación ambiental, por citar los más relevantes.

Fig. 13-VI. Aisladores rígidos de soporte o sostén para 13,2 kV peso para 13,2 kV: 0,600 Kg.

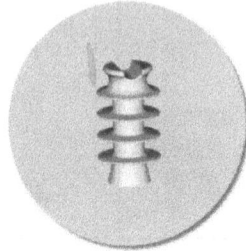

Fig. 14-VI. Aisladores rígidos de soporte o sostén para 33 kV peso para 33 kV: 1,250 Kg.

Fig. 15-VI. Aisladores rígidos de retención para inicio o terminal de líneas en 13,2 kV y 33 kV peso para 13,2 kV: 1,250, peso para 33 kV: 1,500 Kg.

Nota: Estos aisladores, fabricados con polietileno de alta densidad en color gris, son denominados "orgánicos".

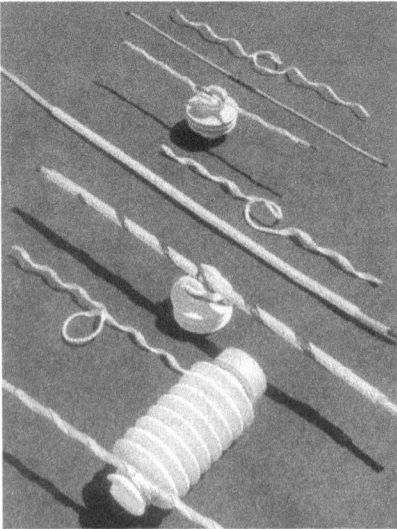

Fig. 16-VI. Amarre de conductores de Al/Ac en la cabeza o en lateral de aisladores orgánicos para 13,2 kV y 33 kV.

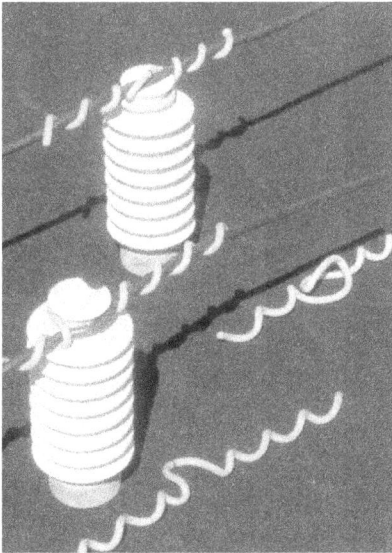

Fig. 17-VI. Detalle de fijación de
aisladores orgánicos con ataduras en
forma lateral y en la cabeza para
conductores de Al/Ac.

Fig. 18-VI. Cadena de aisladores
de suspensión construidas en
porcelana (diseño superado).

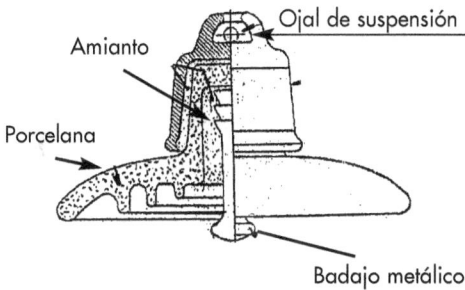

Fig. 19-VI. Aislador de porcelana para
suspensión.

Fig. 20-VI. Aislador de
porcelana para sostén.

Nota: estos aisladores de porcelana han sido reemplazados por los
denominados "orgánicos", de material sintético.

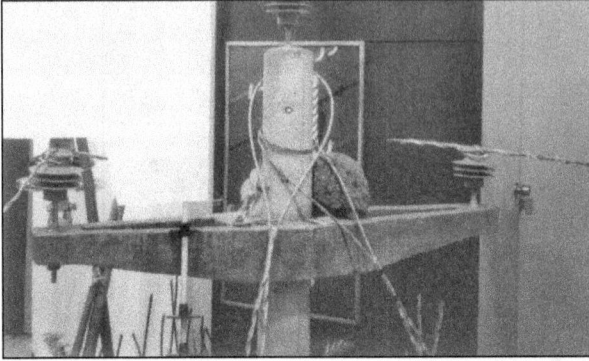

Fig. 21-VI. Poste de h°a° con cruceta de h°a° con aisladores de sostén orgánicos en línea de 13,2 kV con disposición triangular.

Fig. 22-VI. Estructura terminal de línea 13,2 kV con poste de eucalipto y crucetas de lapacho. Instalación para electrificación rural con transformador trifásico para 40 kVA.

Fig. 23-VI. Terminal de línea 13,2 kV con cruceta para seccionador fusible bajo carga. Montaje con poste de eucalipto y cruceta de lapacho.

CAPÍTULO VII

CALCULO MECÁNICO DE POSTES

Hemos visto la función que cumplen los postes.

Las cargas horizontales y verticales someten a los postes simples y dobles a esfuerzos de flexión (momentos flectores) y en menor medida a momentos de torsión. La resolución conforme a lo que enseña la Estática Gráfica es tratar a los postes como vigas empotradas, en este caso en el suelo.

La carga originada por el peso del poste se supone concentrada en el eje vertical del poste.

La carga en sí del poste sólo se tiene en cuenta para el cálculo de las fundaciones o cimentaciones, principalmente de los postes de hormigón.

VERIFICACIÓN

Verificar el poste es determinar la aptitud del poste que hemos seleccionado para la línea. En nuestro caso, como se verá más adelante se hará para postes de eucalipto para la tensión de servicio de 13,2 kV.

Para los postes simples y dobles, el momento flector originado por las fuerzas de flexión a que está sometido el poste en cada hipótesis de carga, se reemplaza por una fuerza única horizontal que llamaremos Te (tiro equivalente en la cima) y que consideramos aplicada a 0,20 m de la cima del poste.

Los postes simples tienen igual resistencia en todas las direcciones perpendiculares a su eje, por lo tanto para verificar la aptitud del poste, deberá cumplirse:

Te * K < Tr

Donde:

Tr = tiro resistido por el poste a la rotura en la cima,
K = coeficiente de seguridad a la rotura.

El valor Tr en los postes de hormigón armado es el valor de carga para la cual el fabricante construye el poste, y para que su rotura se produzca en el 90% de los casos.

Para los postes de madera Tr es un valor convencional que se establece en la Norma 9531 y que es informado por el proveedor del poste de eucalipto y depende del diámetro, de la longitud y de la flecha máxima admitida por el poste.

El coeficiente de seguridad a la rotura K, se fija en:

2,5 para las hipótesis de carga normales,
1,5 para las hipótesis de carga extraordinarias.

Considerando que los postes dobles presentan resistencias diferentes según el eje longitudinal y transversal, para su aptitud o verificación la fuerza Te se descompone en Tl y Tt.

Para postes dobles, según el eje longitudinal resiste una fuerza longitudinal equivalente a 7 veces la del poste simple componente y según el eje transversal de 2 veces la del poste simple componente, Te = Tl/7 + Tt/2

(Tl/7 + Tt/2) * K < Tr.

En el montaje, las estructuras compuestas se disponen de manera que los esfuerzos Te sean absorbidos por los postes componentes de la estructura minimizando la flexión, por lo cual Te se descompone conforme a las reglas de la Estática y se comprueba o verifica:

— las riendas y postes reforzados con contraposte según los esfuerzos de tracción pura y los contrapostes a fuerzas de compresión y pandeo.

Comprobada o verificada la solicitación más crítica, que es la flexión, puede ser necesario verificar la resistencia a la torsión.

Para esta verificación se consideran los momentos de las fuerzas horizontales que originan las cargas (viento) respecto del eje vertical. Los valores deben ser menores o inferiores a los momentos de rotura por torsión y para ello se tomará el mismo factor K exigido para la hipótesis considerada.

FUNDACIONES

Las fundaciones se consideran para postes y estructuras de hormigón armado.

Para los postes y estructuras de madera, no se considera el empleo de fundaciones de hormigón.

Este es un tema especializado de la Mecánica de Suelos, no obstante se darán algunos conceptos sobre el tema.

En general para el bloque de fundación o cimentación se establecen dimensiones mínimas para pared y fondo con la finalidad de evitar la rotura lateral del terreno o el efecto punzonamiento que produce la fundación en el suelo.

Las bases de fundación para postes de hormigón armado se realizan también de hormigón simple o armado.

Para el caso de torres o estructuras metálicas pueden ser de hormigón armado o un emparrillado metálico.

En suelos, con bajas características de resistencia se dimensionan "pilotes".

Un método utilizado para el cálculo de fundaciones es el método de Sulzberger, principio verificado experimentalmente.

Este principio establece que para fundaciones con inclinaciones menores de tgα < 0,015, el terreno se comporta de manera elástica.

Por este principio de Sulzberger, se acepta:

- reacciones de las paredes verticales de la excavación, perpendiculares a las fuerzas actuantes sobre el poste,
- reacción del piso de la excavación debido a las cargas verticales.

Como ya se ha dicho, el método acepta que la profundidad del bloque de hormigón dentro del terreno, depende de la resistencia específica del suelo donde aquél va hincado.

La resistencia específica del suelo se denomina "Presión admisible del suelo" y se mide, como toda presión, en kg/m^2.

Esta presión $\phi = \delta * Ct$ donde:

ϕ =presión admisible en el suelo,
δ = profundidad de penetración en el suelo,
Ct = coeficiente de compresibilidad del terreno.

Para la base o fondo de la excavación se acepta que el índice o coeficiente de compresibilidad sobre la base, que llamaremos Cb, es igual hasta 1,20 Ct, o sea $Cb \leq 1,20$ Ct.

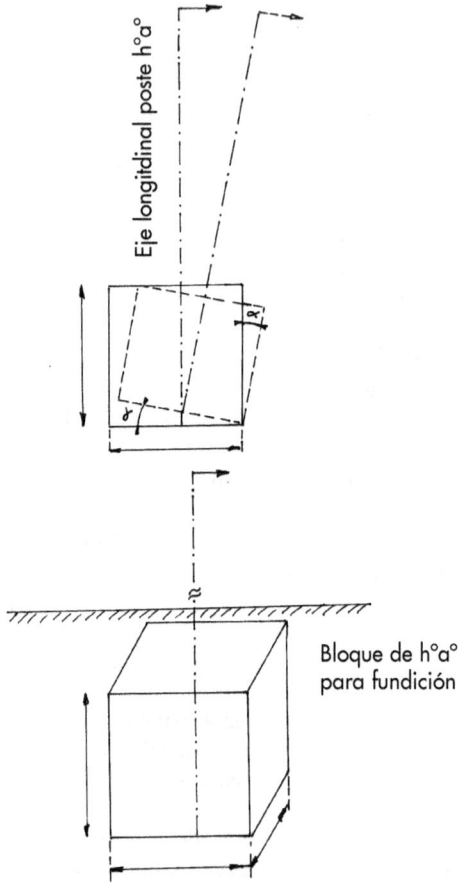

Fig. 1-VII. Fundaciones.

Los efectos que se oponen a que el poste se incline, son dos:

1. el rozamiento de la fundación en el terreno, o sea la fricción entre el bloque de hormigón y la tierra sobre la superficie de las paredes verticales, perpendiculares a la fuerza horizontal de tiro Te actuante sobre el poste, y
2. el efecto de "reacción del fondo" de la excavación provocada por el peso vertical del poste y demás cargas.

Adoptando la nomenclatura establecida por el Reglamento AEA, las fuerzas mencionadas en 1., dan origen a un momento Ms y las del punto 2. a un momento Mb.

La ecuación de trabajo de la base de fundación, debe cumplir la condición:

Ms + Mb > M (1), donde M = Momento de Vuelco para el poste o estructura,

M = Te * H.

Donde:

Te = tiro a 0,20 m de la cima,

H = altura del poste.

Por la naturaleza del suelo, puede suceder que el bloque de fundación tenga poca profundidad y dimensiones de sección transversal relativamente grandes.

En tal caso, debe cumplirse la relación: Ms/Mb < 1.

En este caso, para lograr una adecuada estabilidad se hace necesario que el momento equilibrante Ms + Mb sea Kv veces menor que el momento de vuelco M, o sea: Ms + Mb > Kv * M donde Kv f(Ms/Mb), o sea que Kv es un factor de vuelco que depende de la relación Ms/Mb.

Kv varía entre 1 y 1,5, o sea: 1 < Kv < 1,5, pudiéndose confeccionar la siguiente tabla de acuerdo a valores del Reglamento AEA:

Ms/Mb	0,0	0,2	0,4	0,6	0,8	0,9	1,0
Kv	1,500	1,317	1,208	1,115	1,040	1,017	1,000

Veamos un ejemplo, para una base de fundación tipo bloque de hormigón para un poste de igual material.

a) Momentos estabilizantes

a1) Momento de encastramiento Ms:

Se calcula con la fórmula Ms = b* t^3 /36 * Ct *tg α_1 (2)

Donde b * t es la superficie de la cara lateral del bloque que presiona lateralmente sobre la tierra por efecto de Te.

Esta fórmula es válida para tg.α_1 = 6 * μ * G / b * t^2 * Ct < 0,015 (3)

Donde:

b = largo del pilote en la base,

t = altura del pilote,

a = ancho del pilote en la base,

α = ángulo de desplazamiento lateral del bloque por efecto de Te en la cima del poste,

μ = coeficiente de fricción estática entre el suelo y el hormigón en el fondo,

G = peso resultante de las cargas verticales,

Ct = índice de compresibilidad del suelo a la profundidad "t".

A medida que aumenta tg α disminuye la fricción lateral, hasta que se anula. Para ese momento, el Momento de Encastramiento vale:

$$Ms = b * t^3 / 12 * C_1 * tg\ \alpha_1 \quad (4)$$

Esta fórmula es válida para tg.α_1 > 0,015.

Resultado de estudios experimentales de suelos ensayados para sostenes, demuestran que cuando Ms se calcula según la ecuación(2), el ángulo α_1, no excede el valor de tg.α_1 y cuando se calcula según la ecuación (4) se pasa en forma progresiva y no bruscamente.

Momento del fondo o de base

Se calcula según:

Mb = b * a³ / 12 * Cb tg, a₂   (4)

Donde: a= lado de la base de la fundación rectangular,

b = lado de la base de la fundación rectangular.

$$tg.\alpha_2 = 2 * G/a^2 * b * Cb \quad (5)$$

Esta fórmula es válida para tg.α_2 > 0,015.

o

$$Mb = G * [\ a * 0,5 - 0,47\ (G/b*Cb\ tg.\alpha_2)^{1/2}\ ] \quad (6)$$

Esta fórmula es válida para tg.α_2 < 0,015.

Momento de vuelco

Se considera que el eje de rotación de la base de fundación está a 2/3 de la profundidad de la misma, si tg.α < 0,015 y luego, el momento de vuelco, será:

$$M = Te * (H + 2/3\ t)\ para\ tg.\alpha < 0,015.$$

Donde:

Te = tiro en la cima del poste a 0,20 m,

H = altura libre del poste,

t = altura de la base de fundación,

Si tg.α > 0,015, el eje de rotación de la base de la fundación, está en el fondo de la misma, luego:

M = Te (H + t) (8) para tg.> 0,015.

Condición de equilibrio. La condición de equilibrio o estabilidad para el poste está dada por la ecuación (1), o sea:

Ms + Mb > kv * M.

Constructivamente, el macizo de hormigón que conforma la zapata o base de fundación, sobresale del nivel del suelo unos 0,20 m y termina en forma de pirámide truncada para facilitar el escurrimiento del agua de lluvia.

El Reglamento AEA prescribe que las cimentaciones deben tener dimensiones y peso para resistir la fuerza vertical del poste y el momento de vuelco a que se halla sometido por consideración a lo que hemos llamado la fuerza de tiro Te actuando a 0,20 m de la cima del mismo.

CAPÍTULO VIII

CONSIDERACIONES GENERALES PARA EL CÁLCULO MECÁNICO Y ELÉCTRICO

ESTADOS CLIMÁTICOS

Hipótesis de cálculo

Estado	Viento Km/h	Temp. °C	Esp. hielo mm	
1	0	80	–	Temp. máx. cable a temp. ambiente
2	0	– 10	–	Temperatura ambiente mínima
3	140	16	–	Estudio del cortocircuito
4	50	– 5	–	Construcción y Mantenimiento
5	170	10	–	Viento con ráfaga máxima
6	0	10	–	Estado hipótesis viento longitudinal
7	0	25	–	Estado inicial del tendido y tabla tendido
8	0	16	–	Estado temperatura media anual
9	140	0	–	Viento sostenido sin cortocircuito
10	0	45	–	Temp. máx. cable de guardia con temp. amb.

METODOLOGÍA DE CÁLCULO

a) Se determinan todas las cargas de cálculo sobre los conductores y se determina su peso de cálculo (kg/m), considerando el desnivel que corresponda al vano.

b) Para el vano equivalente nivelado y mediante el método de Électricité de France, se determinan las cargas ficticias verticales y horizontales que correspondan a cada uno de los estados climáticos en estudio.

c) Se determina para un estado inicial predeterminado, el valor de la tensión mecánica (σ) o de la flecha determinada o adoptada.

d) Para el vano equivalente nivelado con todos los datos calculados según a), b) y c) y mediante la Ecuación de Cambio de Estado, se determinan los valores de tensiones mecánicas (σ) y flechas (f) para cada uno de los mismos.

e) Con los valores de tensiones mecánicas para cada estado climático se determinan las reales cargas en cada punto.

VERIFICACIÓN DE LA SECCIÓN DE UN CONDUCTOR POR EFECTOS TÉRMICOS DEBIDO A LA CORRIENTE DE CORTOCIRCUITO

Se efectúa la verificación en base a lo establecido en la norma IEC 865-1.

Se compara la densidad de corriente en el conductor durante el tiempo de falla con la máxima admisible para el mismo de acuerdo con la temperatura previa a la falla que tiene.

Determinación de δ_1 = densidad de corriente durante la falla

$\sigma_f = Icc * \sqrt{t}\,(A)$, siendo t = 1,5 segundos (valor pesimista adoptado)

donde:

Icc = Intensidad de cortocircuito, valor que da el fabricante del cable para la sección adoptada. (En nuestro caso y como se verá más adelante adoptaremos un conductor de Al/Ac de s = 95 /15 mm^2 = 110 mm^2).

Determinación de la densidad de corriente máxima admisible para la temperatura del conductor previo a la falla, que llamaremos δm :

$\delta m = k/t * 10^6$ donde t = 1 segundo

donde

$$k = \sqrt{\frac{\beta_{20} * c * \rho}{\alpha_{20}}\ \ln \frac{1 + \alpha_{20}\,(\theta e - 20°C)}{1 + \alpha_{20}\,(\theta b - 20°C)}} = 74$$

donde:

β_{20} = conductibilidad eléctrica a 20 °C (1/ohm*m),
c = calor específico (joule/ kg * °C),

ρ = densidad (kg/m³),

θe = temperatura del conductor al fin del cortocircuito (°C),

θb = temperatura del conductor al principio del cortocircuito,

t = tiempo de duración del cortocircuito (segundos).

Se debe cumplir la condición impuesta por la norma:

δcc(A/mm²) > δn (A/mm²)

Donde:

δcc= densidad de corriente durante la falla.

δn = densidad de corriente máxima admisible para la temperatura del conductor previo a la falla.

CONSIDERACIONES SOBRE EL CÁLCULO MECÁNICO DE LA LÍNEA

Conforme lo establecido por el Reglamento AEA para una zona geográfica dada, tenemos distintos estados climáticos límites y tales como tmáx., tmín., temperatura a la cual se da el viento máximo, manguito de hielo (si lo hubiere), etc.

Todos estos estados climáticos en sus condiciones de máxima, ocasionarán diversos esfuerzos (fuerzas) sobre las líneas, sobre los soportes (postes, crucetas, aisladores, etc.) y consecuentes tensiones mecánicas (σ) y flechas (f) en los conductores de esa línea.

Es necesario determinar lo que se llama un "Estado Básico" con el que se iniciará el montaje de la línea y considerando que este Estado Básico es el que produce los mayores esfuerzos en la línea y con los cuales determinaremos las solicitaciones que se producen sobre la misma.

La denominada Ecuación de Estado, enseña la interrelación entre variables importantes como son la temperatura, la tensión mecánica y la carga unitaria que soporta el conductor (kg/m) y cuando pasamos de un estado climático a otro.

ECUACIÓN DE ESTADO

La mecánica del cuerpo rígido estudia el fenómeno físico de la catenaria, o sea de la curva que adopta un conductor por su propio peso sostenido en ambos extremos y formando en su parte central lo que se denomina una "flecha" (Fig. 1-VII).

La curva real que adopta el conductor y hasta vanos de 500 metros se asimila a una parábola.

Con ayuda del análisis matemático, se determina la Ecuación de Estado, ecuación que tiene la siguiente expresión:

$$a^2/24 * [\,(\,g_1/\sigma_1)^2 - (g_2/\sigma_2)^2\,] = [\,(t_1 - t_2) + (\sigma_1 - \sigma_2)\,]/E * \alpha \quad (1)$$

donde:

a = vano (en metros),
α = coeficiente de dilatación térmica (1/°C) del conductor,
g = carga unitaria del conductor (kg/m*mm²),
t = temperatura del conductor (°C),
σ = tensión mecánica del conductor (kg/mm²),
E = módulo de elasticidad del conductor (kg/mm²).

En la ecuación (1) se visualiza entonces la relación existente entre la temperatura, peso y tensión mecánica de tracción entre un Estado Climático 1 que puede ser el Estado Básico y otro Estado Climático 2.

Como ejemplo práctico estudiaremos una línea aérea coplanar, o sea con los conductores dispuestos en forma horizontal, con poste de madera de eucalipto, cruceta de madera dura (lapacho, curupay, etc.), y aisladores rígidos de sostén y con las siguientes características:

1. tensión de servicio: 13,2 kV,
2. centro de estrella del transformador de salida conectado a tierra (neutro rígido),
3. sin hilo de guardia,
4. vano medio 95 m,
5. aisladores rígidos de sostén sujetados con perno roscado,
6. conductor de Al/Ac 3*95/15 mm² = 110 mm².

Características del conductor:

- diámetro exterior: 13,6 mm,
- peso: 0,380 kg/m,
- carga de rotura: 3558 kg,
- tensión máxima admisible: 12 kg/mm²,
- tensión máxima de tendido: 10 kg/mm²,
- coeficiente de dilatación: $18{,}9 * 10^{-6}$ (1/°C),
- módulo de elasticidad: 7700 kg/mm².

Determinación de los valores "σ" para cada Estado.

Se parte de la Ecuación de Estado (1). Adoptamos los subíndices 2 para el Estado Climático con mayor esfuerzo de tracción para el conductor [$\sigma_2 = 10$ kg/mm² y $t_2 = -10$°C].

Con ayuda de un programa Windows (p.e. Excel), determinamos las soluciones de la Ecuación de Estado para los Estados Climáticos que nos interesan. Como hemos adoptado los subíndices 2, determinamos ahora los subíndices 1 para el Estado Climático 1 (80°C).

Para el Estado 1 (80°C), determinamos:

$g_1 = 0,380/110 = 0,0034$ (kg/mm^2).

$t_1 = -10$ °C.

Resolviendo en la ecuación (1) con el programa Excel de Windows, determinamos:

$\sigma_1 = 3,97$ kg/mm^2,
$g_2 = 0,0034$ kg/mm^2.

Para el Estado 3 (viento 140 km/h), tenemos:

We = C * V^2 /16 (presión del viento en kg/m^2).

Donde:

V = 140 km/h/3,6 = 39 m/seg,
C = 0,75,
We = 0,75 * 39^2/ 16 = 51 kg/m^2.

La fuerza del viento (presión * superficie), por unidad de longitud y sección de conductor, será:

g_3 = We * d/s = 51 * 13,6 /110 mm^2 * 1000 m = 0,0063 kg/m * mm^2.

Pero debemos considerar la fuerza total horizontal del viento y la fuerza vertical originada por el peso propio del conductor.

Por el teorema de Pitágoras, deducimos:

$g_3 = \sqrt{0,0063^2 * 0,0034^2} = 0,0077$ kg/m * mm^2.

Reemplazando en la Ecuación de Estado (1), deducimos:

$g_3 = 8,47$ kg/mm^2,
$g_3 = 0,0077$ kg/m * mm^2.

Estado 4

Viento 50 km/h =14 m/seg, con $t_4 = -5°C$.

La presión del viento por unidad de longitud y sección de conductor:

We = C * V^2 /16 = 0,75 * 14^2 /16 = 8,93 kg/m².

y la fuerza del viento por unidad de longitud y sección de conductor

g_4 = We * d/s = 8,93 kg/m² * 13,6 /110 mm² * 1000 m = 0,0011 kg/m * mm².

Considerando como siempre, la fuerza total (acción de la fuerza horizontal del viento y vertical por el peso propio del conductor)

$g_4 = \sqrt{0{,}0011^2 + 0{,}0034^2} = 0{,}0036$ kg/m * mm².

Resolviendo por la Ecuación de Estado, hallamos:

g_4 = 9,36 kg/mm²,
g_4 = 0,0036 kg/m * mm².

Podemos confeccionar la siguiente tabla:

Estado	Tensión σ kg/mm²	Carga específica g kg/m * mm²
1	3,97	0,0034
2	10,00	0,0034
3	8,47	0,0077
4	9,36	0,0036

y las relaciones g/σ, para cada estado climático considerado precedentemente, serán:

g_1/σ_1 = 0,00086
g_2/σ_2 = 0,00034
g_3/σ_3 = 0,00091
g_4/σ_4 = 0,00038

La flecha se calcula según la expresión:

f = g * a²/ 8 * σ.

Considerando que la relación $a^2/8 = 95^2/8 = 1128$ es constante, tendremos que la flecha para cada Estado Climático considerado precedentemente, será:

$f_1 = 0,00086 * 1128 = 0,97$ m,
$f_2 = 0,00034 * 1128 = 0,38$ m,
$f_3 = 0,00091 * 1128 = 1,026$ m,
$f_4 = 0,00038 * 1128 = 0,42$ m.

El tiro máximo del conductor a 0,20 de la cima, estará dado por la expresión:

$Te = \sigma * s = 10$ kg/mm^2 $* 110$ mm^2 $= 1100$ kg.

Considerando que cada poste del vano absorberá 1100/ 2 = 550 kg cada uno.

DETERMINACIÓN DE SOPORTES (FIG. 5-VIII)

Calcularemos un poste de eucalipto de 10/300/3.
Las características del poste son:

– diámetro en la cima: 0,18 m,
– diámetro en la base: 0,36 m,
– altura total: 10 m,
– tiro admisible (te) a 0,20 m de la cima: 300 kg,
– coeficiente de seguridad: k = 3,

Altura del poste

$H = H_l + f_1 + H_e + H_f.$

Donde:

H = altura total,
H_l = altura libre. Se toma como mínimo 7,20 m,
f_1 = flecha para el Estado Climático 1 de máx. temp. = 0,97 m,
H_e = altura de empotramiento,
H_f = altura de fijación * distancia desde la cima del poste a la fase 0,20 m),
$H = 7,20 + 0,97 + 1,60 + 0,20 = 9,97$ m.

Luego el poste seleccionado verifica como apto para la altura de 10 m.

Hipótesis de carga
1. hipótesis normal.

Considera:

- fuerza horizontal del viento o sea normal a la línea actuando sobre el poste (Fhvp), sobre conductores (Fhvc), aisladores (Fhvais), cruceta (Fhvcr).
- fuerza vertical por peso propio de materiales anteriores y en acción simultánea. O sea peso del poste, conductores, aisladores, cruceta, etc.

CARGAS DE CÁLCULO

- peso del conductor: 0,38 kg/m * 95 m =   36 kg,
- peso del aislador   =   1 kg (dato de catálogo),
- peso cruceta de madera dura   =   20 kg (dato del proveedor).

Cargas horizontales (Fig.1-VIII)

$Fhvc = We * s = 51$ kg/m^2 * 95 m *13,6/1000m = 66 kg.
$Fhva = We * s = 51$ kg/m^2 *0,14m * 0,14m   = 1 kg.

$Fhvp = We * H/6 (2b + B) = 51 * 10/6 (2*0,18 + 0,36) = 61$ kg
(fuerza del viento sobre el poste referido a la cima).
$Fhvp = 61$ kg (Ver desarrollo analítico: Fig. 3-VIII y Fig. 4-VIII).

$Fhvcr = We * 0,115m * 0,009$ m $= 51$ kg/m^2 *0,115 m* 0,009 m= 0,52 kg.

*Nota: conforme a la distancia mínima entre fases, se adopta una cruceta de lapacho de 2,00 m * 0,115m * 0,009 m con un preso aprox. de 20 kg.*

El momento flector del tiro equivalente (Te) en la cima del poste a 0,20 m, originado por una fuerza de tiro de 550 kg para cada poste en el vano de 95 metros, debe ser equilibrado por los momentos de las fuerzas que hemos considerado en la hipótesis de carga precedente.

Este cálculo de momentos flectores (consideramos al poste como una viga empotrada en el suelo) y su consecuente estudio permite verificar la aptitud del poste seleccionado y según el siguiente análisis:

— fuerza del viento sobre conductores, aisladores y cruceta:
66kg + 1kg + 0,52 kg= 67,52 kg,
67,52kg * 8,40 m = Te_1 * 8,40 m.

Componentes para verificación del poste de madera 10/300/3

H_f: altura de fijación: 0,20 m

f_1: flecha estado 1: 0,97 m

H: altura total: 10,00 m

H_l: altura libre: 7,80 m

H_e: altura de empotramiento: 1,60 m

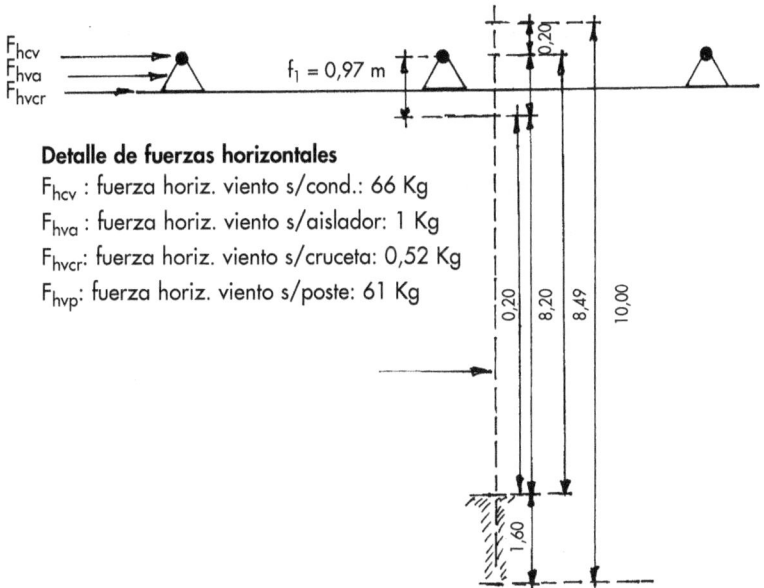

Detalle de fuerzas horizontales

F_{hcv} : fuerza horiz. viento s/cond.: 66 Kg

F_{hva} : fuerza horiz. viento s/aislador: 1 Kg

F_{hvcr}: fuerza horiz. viento s/cruceta: 0,52 Kg

F_{hvp}: fuerza horiz. viento s/poste: 61 Kg

Fig. 1-VIII. Esquema de fuerzas horizontales y brazo de palanca con respecto al empotramiento del poste en el suelo (8,40 m).

Como los aisladores y cruceta son horizontales (coplanares), tenemos:

$Te_1 = 67,52kg$
– fuerza del viento sobre el poste: 61kg,
61kg * 8,40 m = Te_2 * 8,40 m,
$Te_2 = 61kg$.
Los pesos, como fuerzas verticales, también producen un desequilibrio, en este caso desequilibrio vertical, que se considera como sigue (Fig. 2-VIII):

40 kg * 0,98 m + 11kg *0,55m + 1kg * 0,10 m = Te_3 * 8,40 m,
Te_3 = 39,22 +6,05 +0,10 /8,40 = 45,35/8,40 = 5,40 kg,
Luego: $Te_1 + Te_2 + Te_3$ = 67,52 kg + 61 kg + 5,40 kg = 133,92 kg,
K * 133,92 = 3 * 300, o sea : k = 3 * 300/133,92 = 6,72 >2,5.

Luego el poste queda verificado como apto.

2) Hipótesis extraordinaria

550kg * 8,40 m = Te * 8,40 m (los brazos son iguales por ser la línea horizontal).
La fuerza de tiro vertical Te_3 = 5,40 kg.
Haciendo composición vectorial, determinamos la Te resultante, o sea:
$Te = \sqrt{550^2 + 5,40^2} = \sqrt{302.529} = 550,02$.
K * 550,2 =3 * 300 o sea k=900/550,02 =1,63 > 1,50.

Luego el poste para la hipótesis extraordinaria de carga, también queda verificado como apto.

Distancia entre fases

Esta distancia (ver Fig. 2-VIII), permite disponer los aisladores sobre la cruceta, determinando también su longitud y viene dada por la expresión:

$d_{mín} = \sqrt{k(f_1 + L_k)}$ + Vn/150 (m) (2)
Donde:

K: es un coeficiente o factor de disposición de los conductores de fase y en nuestro caso k = 0,7.
f_1 : es la flecha del conductor de fase para $t_{máx.}$ (estado climático 1), que precedentemente se determinó como f_1 = 0,97 m.

Crucetas

	MN 111	MN 110
Largo	2.440 mm	1.820 mm
Sección	115 x 90	115 x 90

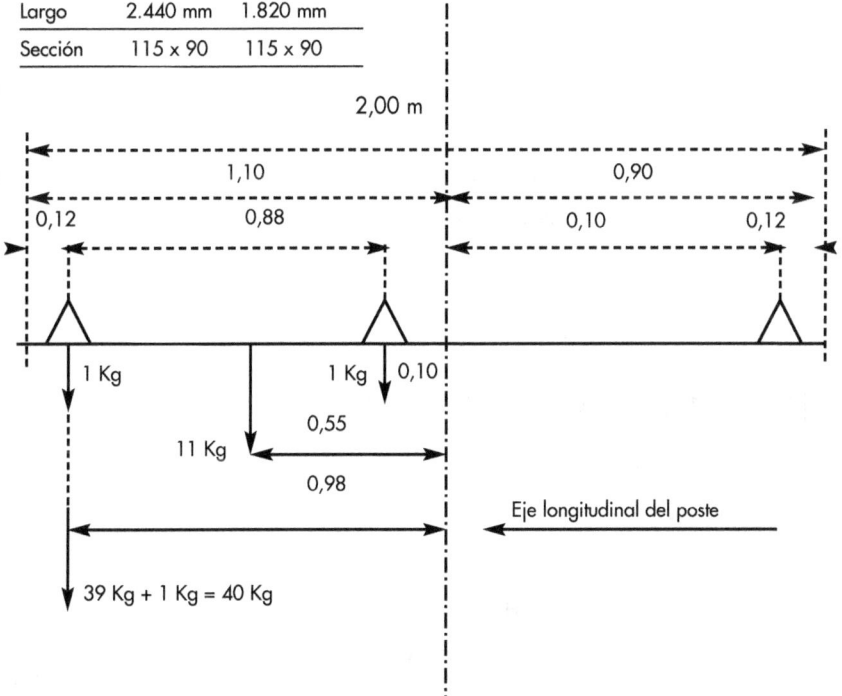

Nota: El criterio de selección de una cruceta adecuada debe estar basado en la resistencia requerida a la misma según el material (madera, sintética, de hormigón).

Fig. 2-VIII. Esquema de fuerzas verticales y brazos de palanca con respecto al eje longitudinal del poste.

Vn: es la tensión nominal de la línea, en nuestro caso 13,2kV.

L_k: = 0 porque en nuestra línea no existe cadena de aisladores. Los aisladores que instalamos sobre la cruceta son rígidos de sostén con perno roscado pasante. Según catálogo del fabricante son aisladores soporte de polietileno, tipo campana de diámetro 0,14 m, altura 0,14m y peso aproximado 1 kg.

La fuerza del viento sobre la estructura del poste es:

W_e (Kg/m²) x 5 (m²)

donde:

W_e : presión del viento = $\dfrac{kV^2}{16}$

K: 0,75 para estructuras cilíndricas

V(m/seg): velocidad del viento 3,6 x m/seg = Km/h

S: $\dfrac{B + b}{2}$ x H sección trapezoidal del poste

Momento de F_{hvp} aplicado al centro de gravedad Cg del poste:

$$F_{hvp} \times hg = \int_o^H W_e h \left[b + \frac{B - b}{H}(H - h) \right] dh =$$

$$= \int_o^H W_e h \left[b + B \frac{h}{H} - (B - b) \right] dh =$$

$$= \int_o^H W_e h \left[b + \frac{(b - B)}{H} h \right] dh = \quad W_e \left[hB + h^2 \frac{(b - B)}{H} \right] dh =$$

$$= W_e \left[\frac{BH^2}{2} + \frac{b - B}{H} \times \frac{H^3}{3} \right] + \frac{W_e H^2}{6} \left[3B - 2B + 2b \right] = \frac{W_e H^2}{8} \left[2b + B \right]$$

Refiriendo el momento a la punta o cima del poste es:

$$F_{hvp} \times H = F_h \times hg = \frac{W_e H^2}{6} (2b + B)$$

$$F_{hvp} = \frac{W_e H}{6} (2b + B)$$

Fig. 3-VIII. Desarrollo analítico de la fuerza del viento sobre el poste referida a la cima (F_{hvp}) (Ver Fig. 4-VIII).

Reemplazando valores en (2), obtenemos:

$d_{mín.} = \sqrt{0{,}7 * 0{,}97 * 13{,}2/150}.$

$d_{mín} = 0{,}82 + 0{,}06 = 0{,}88$ m.

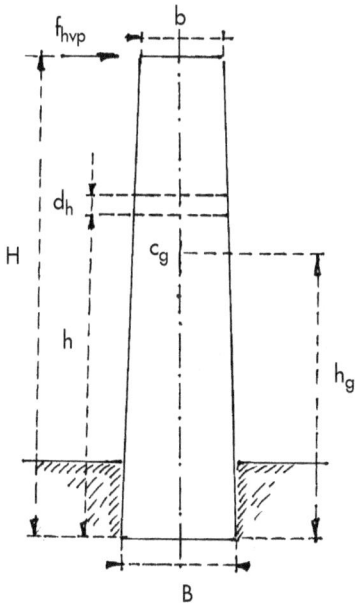

Fig. 4-VIII.

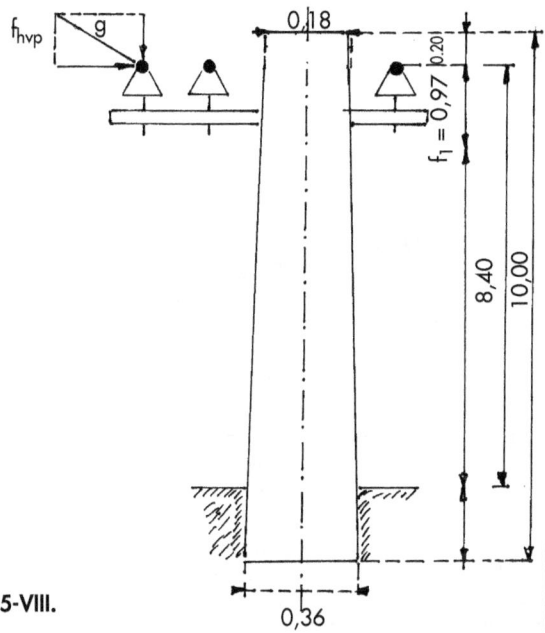

Fig. 5-VIII.

La distancia mínima entre conductores determina la elección de la cruceta a adoptar.

En nuestro caso hemos adoptado una cruceta de madera dura de las siguientes dimensiones comerciales:

Largo: 2,00 m.
Alto: 0,115 m.
Ancho: 0,09 m.
Peso:20 kg (aprox).

Especificaciones de Norma IRAM 9531 para postes de eucalipto.
Largos y diámetros

Clase	Largo	Tipo	Diámetro en base (mín. en cm)	Diámetro en cima (mín. en cm)
L	7,5 m	Liviano	16	11
M	7,5 m	Mediano	18	13
G	7,5 m	Grueso	22	16
L	8,5 m	Liviano	17	11
M	8,5 m	Mediano	19	13
G	8,5 n	Grueso	23	16
L	9 m	Liviano	18	11
M	9 m	Mediano	21	13
G	9 m	Grueso	24	16
L	10 m	Liviano	18,5	14
M	10 m	Mediano	21	15,5
G	10 m	Grueso	24	17
L	11 m	Liviano	20	14
M	11 m	Mediano	22	15,5
G	11 m	Grueso	24	17
L	12 m	Liviano	20	14
M	12 m	Mediano	22	15,5
G	12 m	Grueso	25	17
L	13 m	Liviano	20	14
M	13 m	Mediano	23	15,5
G	13 m	Grueso	26	17

CAPÍTULO IX

SUBESTACIONES

CONSIDERACIONES TÉCNICAS GENERALES

Conceptualmente, se pueden distinguir dos clases de subestaciones o estaciones transformadoras:

a) las elevadoras,
b) las reductoras o de rebaje.

SUBESTACIONES ELEVADORAS

Las elevadoras normalmente están instaladas en las centrales eléctricas (térmicas, hidráulicas, nucleares, etc.), pues es allí donde los alternadores entregan la tensión que generan, al primario del transformador correspondiente, denominado en este caso transformador de potencia, porque su diseño se define en función de la energía eléctrica a transportar por la consecuente línea de alta tensión proyectada.

En forma frecuente, aunque no excluyente, por una razón de refrigeración de los bobinados, los alternadores generan potencia en 13,2 kV. Esta tensión ingresa al primario del transformador de potencia y por el secundario también normalmente sale a 132 kV.

Las líneas de 132 kV a su vez pueden ingresar en el primario de otro transformador de potencia para salir por el secundario a una tensión de 500 kV.

La capacidad (MVA) de los transformadores de potencia, se diseña y fabrica por encargo, conforme al estudio y proyecto de la capacidad de energía en MVA o en kVA a transportar por la correspondiente línea de transmisión en alta tensión.

Los transformadores de potencia instalados en las subestaciones, no son entonces transformadores de potencia normalizada como son generalmente los transformadores de distribución (500 kVA,1000 kVA, y por citar los más frecuentes en distribución), sino que son máquinas construidas por encargo, para una subestación determinada.

De la subestación elevadora instalada en la central eléctrica, sale la línea primaria de transporte de energía eléctrica, hoy, normalmente en 132 kV para ingresar a una distancia previamente establecida de recorrido a otro transformador, en cuyo primario ingresará y por cuyo secundario podrá salir una tensión de 13,2kV para alimentar un anillo destinado al servicio eléctrico de un centro urbano determinado. El anillo servirá para alimentar no sólo la ciudad, sino también establecimientos, para alimentar por ejemplo, consumos industriales, fábricas, edificios especiales, etc.

Desde la década de los años 1960, por razones técnicas, operativas y principalmente económicas, se fueron reemplazando, prioritariamente en el interior de las provincias, principalmente la de Buenos Aires en un comienzo y posteriormente en las demás, pequeñas y no tan pequeñas centrales eléctricas conformadas por grupos electrógenos (motor diesel-alternador), por el sistema de subestaciones de transformación.

En muchos centros urbanos del interior del país existían cooperativas eléctricas (llamadas popularmente "usinas") que estaban eléctricamente conformadas por 1, 2 o 3 grupos electrógenos, generalmente de procedencia europea (Inglaterra, Alemania, Checoslovaquia, por citar las más difundidas), cuyas potencias podían alcanzar los 3.000 HP por equipo.

Los motores de combustión interna tenían medidas realmente impactantes, con volantes de inercia gigantescos, accionados por el sistema de biela manivela con, a veces, un pistón horizontal, donde la baja velocidad aseguraba larga vida útil, pero con un consumo de combustible de baja refinería como por ejemplo el fuel-oil.

El reemplazo, por la obsolescencia natural se iba haciendo con otros más modernos motores Diesel, pero este servicio se hacía antieconómico y vulnerable, por desperfectos mecánicos, suministro de combustible, etc.

La puesta en servicio de la línea El Chocón-Cerros Colorados en la década de los años 1970, trajo una solución integral al reemplazo de varias viejas centrales eléctricas alimentadas con combustibles líquidos, contaminantes y de baja refinería.

Las subestaciones transformadoras de rebaje de 132 kV a 66 kV, 33 kV y principalmente a 13,2 kV, solucionaron la provisión de energía eléctrica de una manera menos costosa, más funcional y menos contaminante.

La línea de alta tensión El Chocón-Cerros Colorados también abasteció de energía eléctrica a otros consumos impensables con motores de combustión interna y como fue el caso de emprendimientos industriales como Aluar en Futaleufú como uno de los más representativos y sólo por citar un ejemplo relevante para la fabricación de aluminio con energía hidráulica a través de una línea de alta tensión.

Varios establecimientos industriales con "usina" eléctrica propia conformada por motores de combustión interna (Diesel), pasaron a reserva estas instalaciones y comenzaron a solucionar sus necesidades energéticas, a través de subestaciones de transformación de rebaje (aéreas o subterráneas, pero más frecuentemente como plataformas aéreas), con el recurso de transformadores de distribución de potencias variables, pero normalizadas, como 100, 200, 500, 1.000 kVA.

El abaratamiento de los costos se fue incrementando con el reemplazo del cobre por el aluminio-acero por parte de los fabricantes de conductores eléctricos, para el tendido de líneas de transmisión de energía eléctrica.

Recordando que la potencia eléctrica trifásica viene dada por la expresión $P = \sqrt{3}*V*I*\cos\varphi$, puede deducirse que para una potencia requerida P a transmitir por una línea de AT, al aumentar el valor de V, el valor de I se reduce sensiblemente.

Es así que una línea de AT construida con cable de 16/2,5 o 35/6 mm² en Al/Ac, podemos, empleando tensiones de 33 o 13,2 kV transmitir potencias muy considerables con relativa economía de sección en el conductor, por la baja densidad eléctrica (A/mm²) que recorre el conductor seleccionado.

Va de suyo la economía en gastos operativos, de personal y mantenimiento e impacto ambiental por ausencia de ruidos y vibraciones que se instalaron con la sustitución de las plataformas aéreas y cámaras subterráneas de transformación en reemplazo de las viejas usinas eléctricas y a través de la instalación de subestaciones de transformación.

La Fig. 6-IX muestra una plataforma aérea montada sobre postes de eucalipto, donde ingresa una línea trifásica subterránea en 380V, para alimentar el primario de un transformador de 500 kVA, de cuyo secundario saldrá una línea aérea (alimentador) de 13,2 kV para abastecer un consumo determinado (por ejemplo un establecimiento industrial).

La Fig. 7-IX muestra el esquema eléctrico de la alimentación para la plataforma de la Fig. 6-IX.

En el esquema eléctrico se puede visualizar que de una cámara subterránea, sale un cable armado subterráneo que en tensión de 3 * 380V, alimenta el primario de un transformador de 500 kVA y de cuyo secundario sale la tensión de 13,2 kV que conecta a las barras macizas de 6 mm de diámetro, de donde la línea tomará la tensión de 13,2 kV.

La Fig. 8-IX ejemplifica el aspecto de una cámara de transformación subterránea, alimentada en este caso por un cable armado subterráneo en tensión de 13,2 kV que entra a barras de cámara y vuelve a salir para alimentar el anillo en que se encuentra inserta.

Se trata en este caso de atender la alimentación eléctrica de una determinada fábrica en 13,2 kV. Es un cliente de la prestataria de energía eléctrica que ha cedido el lugar para la instalación de la cámara, en este caso de construcción subterránea por encontrarse dentro de un centro urbano muy poblado.

Además su consumo excede los 100 kVA y se hace necesario alimentar esta fábrica en 13,2 kV.

En la Fig. 8-IX puede observarse la vista en planta de la superficie que ocupa la cámara subterránea y se han efectuado dos cortes A-A y B-B para ver detalles del interior de la mencionada cámara.

En cuanto a la parte civi,l se puede apreciar que la construcción de las cámaras subterráneas se realiza en hormigón armado.

Si observamos el esquema eléctrico en la parte superior izquierda de la Fig. 8-IX, observamos la entrada del cable armado subterráneo portador de la tensión en 13,2 kV.La botella terminal sale a un seccionador, del seccionador al interruptor, del interruptor a otro seccionador, para entrar a barras de alimentación.

Las barras están conformadas por redondos de cobre de 6 a 8 mm de diámetro.

Desde estas barras hay una entrada para alimentar la cámara subterránea que nos ocupa y una salida a través de la botella terminal y seccionador.

La energía eléctrica que alimenta a la cámara se visualiza en el esquema eléctrico. Se ha instalado un seccionador, más abajo fusibles de alto poder de ruptura de 200 A por fase y finalmente la entrada al primario del transformador de 150 kVA, cuyo secundario en 3 * 380 V, alimenta las barras de baja tensión, de donde salen tres botellas terminales que contienen alimentadores trifásicos para 380/220 Voltios para las necesidades energéticas de la fábrica.

A la salida del transformador de 150 kVA, o sea por el lado de baja tensión y antes de entrar a las barras del tablero de distribución de la fábrica, se ha instalado un interruptor y a la salida de barras fusibles de alta capacidad de ruptura con retardo.

Conforme lo establece el Reglamento AEA, se ha efectuado la conexión a tierra del neutro N del tablero de baja tensión, en donde las fases se nominan como L_1, L_2 y L_3 conforme lo establecido en el Reglamento AEA Edición 2003.

Los seccionadores trabajan sin carga o sea en vacío. Oportunamente enel Capítulo X sobre aparatos de protección y maniobra, veremos que también existen seccionadores bajo carga.

La finalidad de los seccionadores en el caso de la cámara subterránea que estamos considerando, es retirar o inspeccionar el interruptor fuera de servicio por razones operativas o de mantenimiento.

En el corte A-A, pueden apreciarse también los transformadores de medida para tensión e intensidad. Las bobinas voltimétricas y amperimétricas de los instrumentos de medición no soportan tensiones superiores a los 110 V y a los 5 .Como es lógico suponer al cliente se le ha instalado también un medidor de energía para registrar su consumo en kWh y el correspondiente Voltímetro y Amperímetro.

Por razones de economía se han instalado dos transformadores de medida de tensión con conexión en "V".

El corte B-B, permite visualizar el transformador de 150 kVA y el tablero de baja tensión para alimentación eléctrica a la fábrica.

La Fig. 1-IX muestra el esquema eléctrico de una subestación de rebaje de 33kV a 13,2 kV

A la Subestación (SE), ingresa una línea de AT en 33 kV, a través de 2 transformadores de potencia N° 1 y N° 2, cuyos secundarios alimentan las barras de 13,2 kV. Los transformadores están instalados en las Celdas N° 4.

De las celdas N° 1, N° 2, N° 8 y N° 9, están previstas salidas de alimentadores aéreos en 13,2 kV a destinos que no es el caso analizar.

En la celda N° 4 se hace el control y medición en barras de 33 kV y para la Batería de la Subestación para servicios auxiliares o de emergencia (por ejemplo 80Ah en 110V).

En las celdas 1, 3 y 4 se encuentran los aparatos de protección (relés), comando, señalización, etc.

En la celda N° 6 está previsto un transformador de 140 kVA para servicios auxiliares en baja tensión (iluminación de la subestación, alimentación de rectificadores para la batería, necesidades de 380V para motores, etc.).

En la Fig. 4-IX se muestran los cortes A-A' y B-B' de las celdas que muestran la Fig. 3-IX.

La Fig. 4-IX muestra en planta una subestación reductora de 33 a 13,2 kV.

Por razones de seguridad (incendio, explosiones, rayos, etc.), y de costo, las subestaciones tanto de rebaje como las elevadoras se instalan en playas a la intemperie.

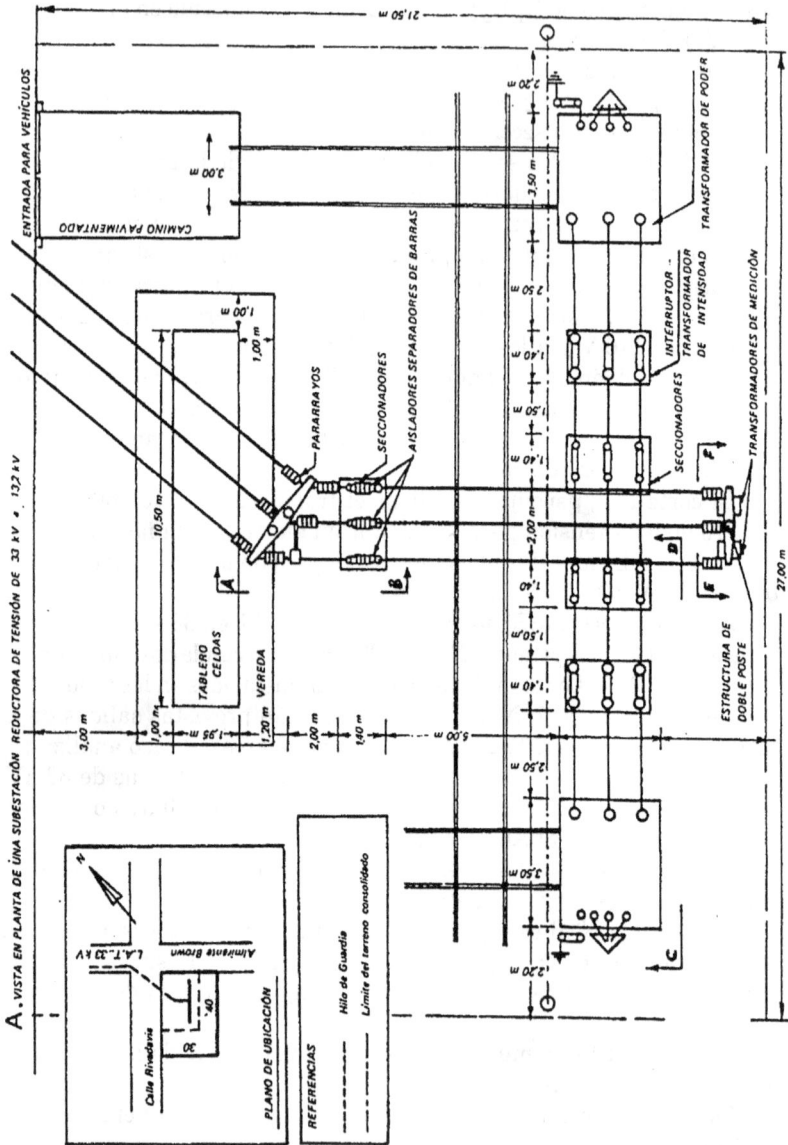

Fig. 1-IX. Subestación de rebaje de 33/13,2 kV. Vista en planta.

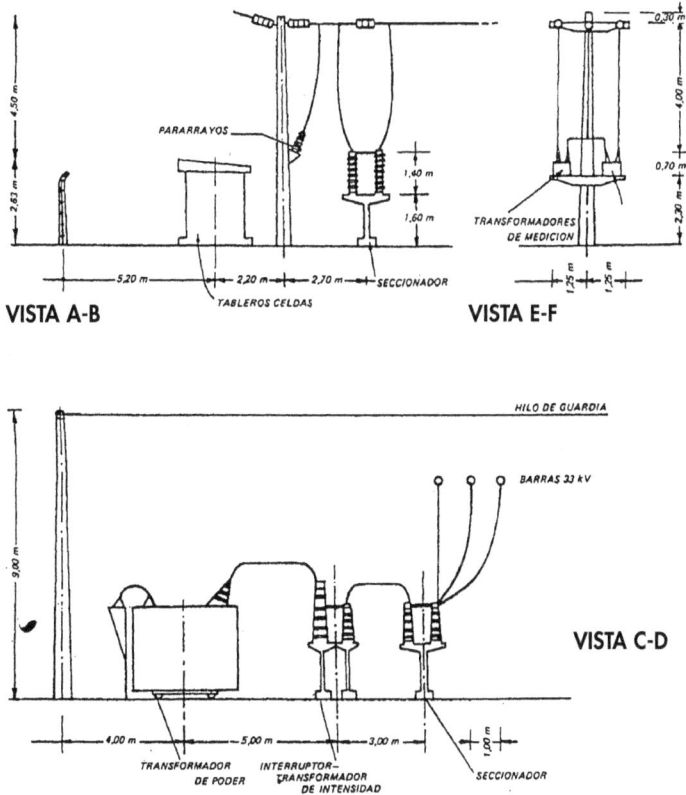

VISTA A-B

VISTA E-F

VISTA C-D

Fig. 2-IX. Subestación de rebaje de 33/13,2 kV. Vista de cortes Fig. 1-IX.

En la Fig. 1-IX se pueden apreciar los pórticos de sostén para las cadenas de aisladores de suspensión en la entrada de la línea de 33 kV para alimentar los transformadores de potencia o poder.

En la Fig. 2-IX se muestra el detalle de los cortes A-B, C-D y E-F.

La Vista A-B de la Fig. 2-IX, muestra las celdas para intemperie que comentáramos para las anteriores Figs. 3-IX y 4-IX.

La vista C-D muestra el hilo de guardia y la entrada de barras de 33 kV al seccionador, del seccionador al interruptor, en cuya cercanía se han instalado los transformadores de medición de intensidad, y del interruptor la entrada en 33kv al primario del transformador de potencia.

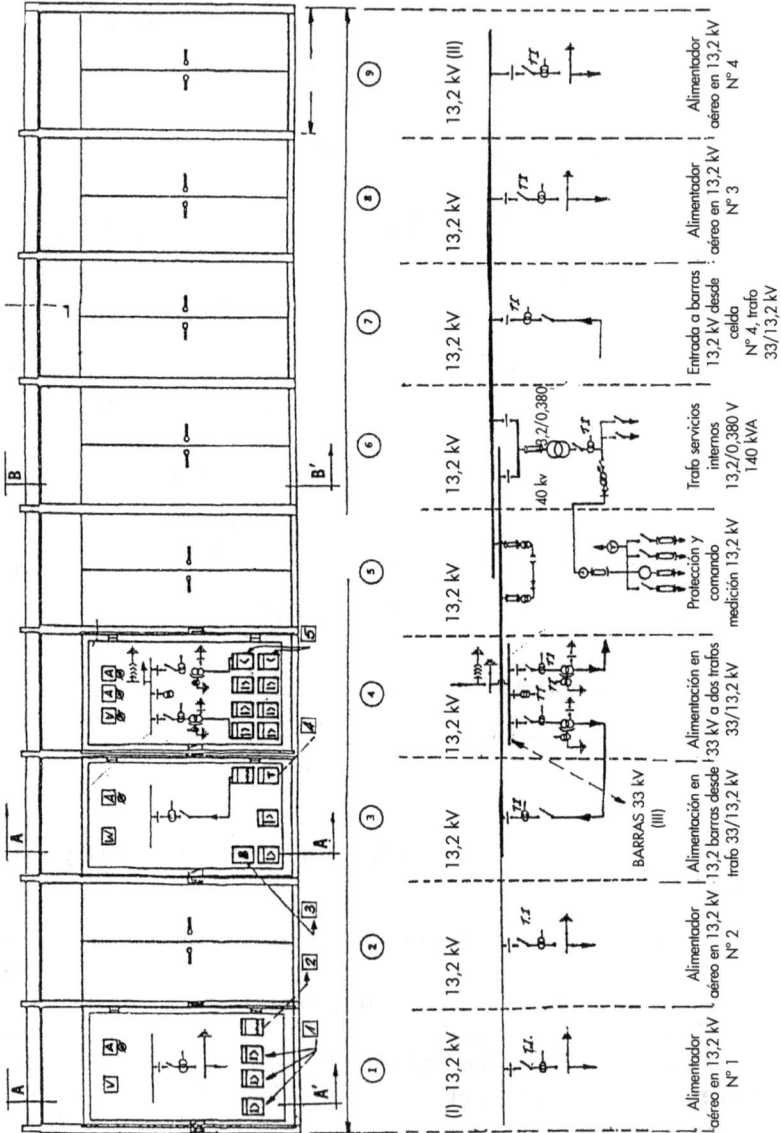

Fig. 3-IX.

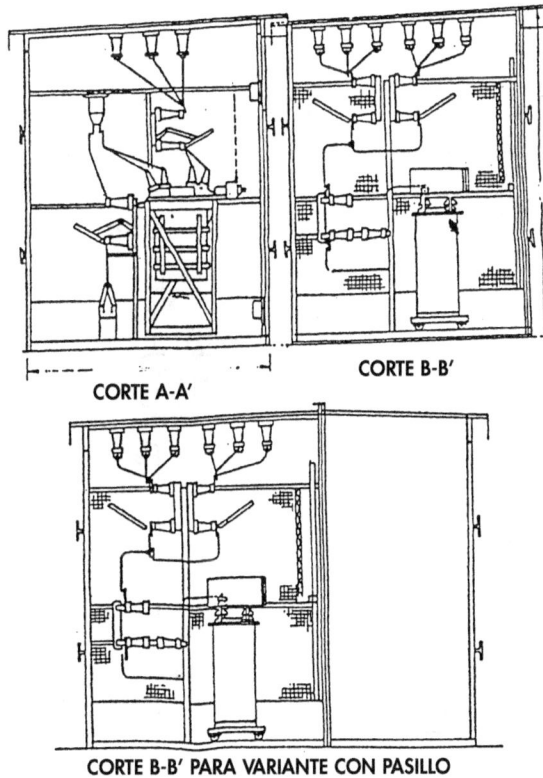

CORTE A-A'   CORTE B-B'

CORTE B-B' PARA VARIANTE CON PASILLO

Fig. 4-IX. Subestación de rebaje de 33/13,2 kV. Vista de cortes A-A' y B-B' de la Fig. 3-IX.

Del secundario del transformador sale la alimentación en 13,2 kV en cable armado subterráneo a través de botella terminal y para ingresar a las celdas de la Fig. 3-IX (ver Tablero de Celdas en Fig. 3-IX).

El corte E-F que se visualiza en la Fig. 2-IX indica los transformadores de medición, en cuyo secundario es posible conectar el instrumental de medición (amperímetros, watímetros, voltímetros, etc.).

En los transformadores de medición de tensión se conectan las bobinas voltimétricas y en los transformadores de medición de intensidad las bobinas amperimétricas de los instrumentos de medición.

La Fig. 5-IX representa el esquema eléctrico de una subestación, en este caso de rebaje o reductora de 33 kV a 13,2 kV.

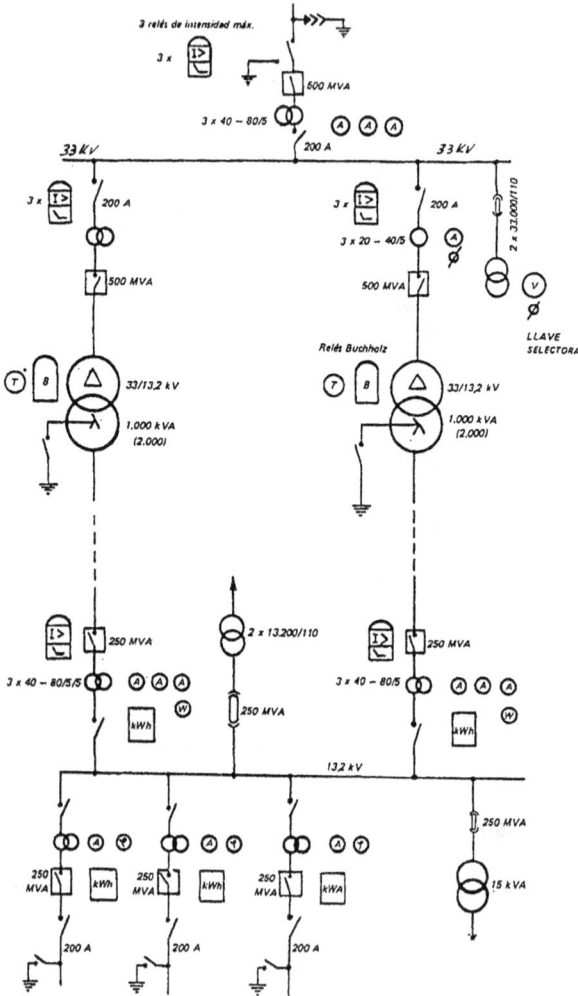

Fig. 5-IX. Esquema eléctrico de la subestación de rebaje 33/13,2 kV.

Previo a la entrada de barras de 33 kV, se encuentra instalada la puesta a tierra y el interruptor de 500 MVA instalado entre dos seccionadores y con la correspondiente puesta a tierra para los mismos.

El interruptor es una protección para los conductores de línea, contra sobreintensidades (cortocircuito). Por ello se encuentran dispuestos

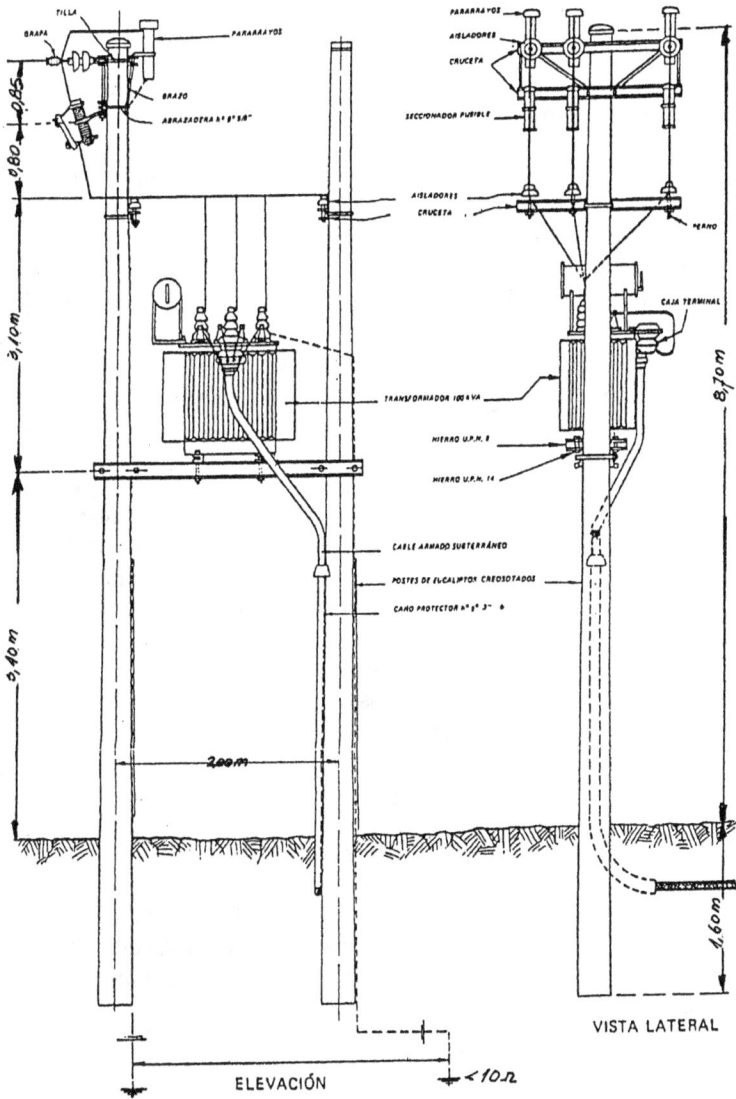

Fig. 6-IX. Plataforma aérea.

3 relés de máxima intensidad y mínima tensión (falta de fase). Las intensidades de corriente por encima de la corriente nominal son detectadas por los relés de máxima intensidad y accionan sobre la apertura (funcionamiento) del interruptor.

El interruptor también funciona frente a la presencia de un corto-circuito y esa es su función prioritaria.

Al sacar de servicio un interruptor por razones de mantenimiento, previamente se abren los seccionadores para permitir su retiro de la celda correspondiente.

El interruptor instalado aguas arriba de las barras de 33 kV, permite sacar de servicio las barras de 33 kV, y en consecuencia retirar de servicio la subestación.

Como veremos en Capítulo X, la elección del interruptor se realiza calculando la intensidad de cortocircuito (Icc) en el lugar de instalación del mismo.

Aguas abajo del interruptor de potencia de 500 MVA, encontramos el transformador de medida, cuyo secundario hace posible la instalación de los instrumentos de medida, en este caso de 3 amperímetros, para medir la intensidad de cada fase.

Prosiguiendo con la explicación eléctrica del tablero, aguas abajo de las barras de 33 kV, se encuentran instalados 3 relés de sobreintensidad en cada una de las líneas trifásicas de alimentación de entrada a los primarios de los transformadores de potencia. La instalación de los transformadores de potencia se ha previsto en 1000 kVA para cada unidad y entre paréntesis se indica la capacidad de instalación futura para 2 unidades de 2000 kVA cada una. Después de los transformadores de medición, encontramos los interruptores de 500 MVA cada uno, que protegen de cortocircuito a los transformadores o sin llegar al cortocircuito de sobreintensidades o sea valores de densidad o intensidad eléctrica superiores a los valores nominales que puede no sólo soportar el transformador, sino también los cables.

Obsérvese que para los transformadores se han previsto relés Buchholz. Estos relés protegen a los transformadores de sobretemperaturas originadas por desperfectos o sobrecargas en los bobinados o galletas.

El centro de estrella de los transformadores tiene conexión rígida de neutro a tierra, con el correspondiente seccionador para inspección y mantenimiento de la puesta a tierra.

Del secundario de los transformadores sale la alimentación en 13,2 kV de las barras instaladas aguas abajo.

Como siempre, nos encontramos con los interruptores protectores de los cables y los transformadores contra las sobretensiones y sobreintensidades provenientes de cortocircuito. Los disparadores temporizados de los valores de corriente que hacen funcionar los interruptores, como siempre, están a cargo de los relés de sobreintensidad y mínima tensión que encontramos graficados al costado de los interruptores de potencia.

Aguas abajo de los interruptores de 250 MVA encontramos los transformadores de medición para hacer posible, en sus secundarios, la conexión de los amperímetros y en este caso también la de ratímetro y medidores de energía eléctrica entregada a las barras de 13,2 kV.

Previo a las barras de 13,2 kV se instala un seccionador, que complementa el trabajo del interruptor de 250 MVA para sacar de servicio las barras de 13,2 kV.

Finalmente encontramos 3 salidas de barras de 13,2 kV, que son alimentadores trifásicos a destinos preestablecidos en el proyecto.

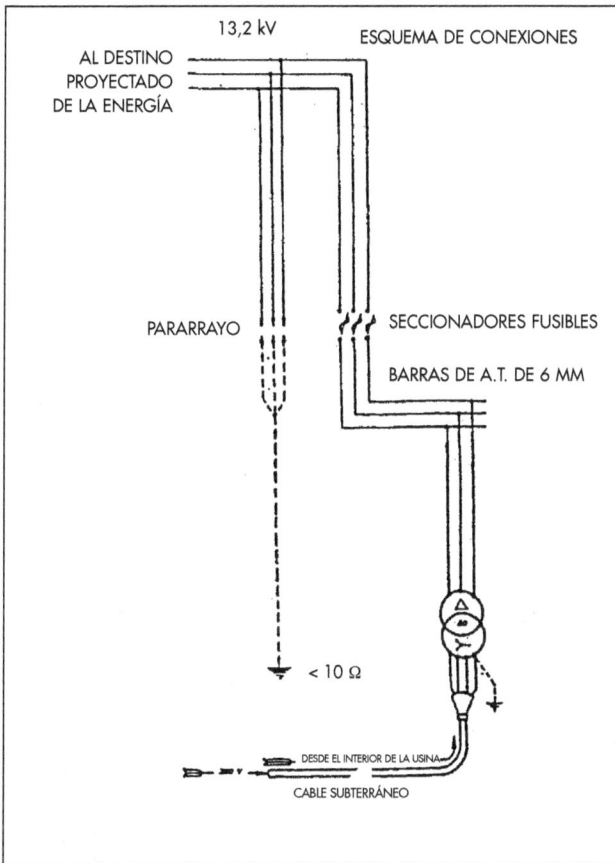

Fig. 7-IX. Esquema eléctrico de la Fig. 6-IX.

Obsérvese que a la derecha se encuentra un transformador de 15 kVA de potencia destinado a los servicios auxiliares en 220/380 V propios para iluminación y fuerza motriz en la subestación, como así también para alimentar los rectificadores que alimentan a su vez las baterías que suministran la corriente continua, normalmente en 110V para la iluminación de emergencia de la subestación y otros servicios complementarios (señalización, etc.).

Aguas arriba del transformador auxiliar de 15 kVA, se instala un seccionador fusible de alto poder de ruptura de 250 MVA.

La Fig. 9.IX ilustra la conveniencia operativa de disponer los circuitos de alta tensión en anillo. En efecto: una falla eléctrica en "A", provocada por ejemplo por la caída de un rayo, permite, en la conexión en anillo, "elastizar" el suministro desde otras subestaciones.

Esta posibilidad operativa no es posible con una disposición de las cámaras dispuestas en conexión radial.

En la Fig. 1-I se esquematizó el concepto eléctrico de las transformaciones de tensión y consecuentes entradas y salidas líneas de media tensión (33 y 13,2 kV) que alimentan los correspondientes transformadores.

En aquella Fig. 1-I del primer Capítulo de este libro, el circuito se ha originó a partir de alternadores en una central eléctrica que generaba la tensión en 13,2 KV y la entrega al primario de transformadores, de cuyo secundario salía la tensión a 33 kV para entrar en las barras de esquemas eléctricos como los que estamos comentando en este capítulo.

El circuito también se habría podido originar en una línea de 33 kV saliente de otra subestación y destinada a alimentar las barras de 33 kV que hemos comentado precedentemente.

SUBESTACIONES REDUCTORAS O DE REBAJE

A los efectos de clarificar y recapitular más los conceptos sobre Subestación Reductora o de Rebaje, se pasa a describir en las Figs. 1-IX a 5-IX los componentes de una Subestación de Rebaje de 33 kV a 13,2 kV.

En la Fig. 1-IX vemos en planta las instalaciones. Llega la línea de 33 kV a la estructura de Amarre formada por un pórtico de hormigón armado, donde se ha proyectado la bajada de alimentación a 2 transformadores (trafos) de potencia o poder, que conforme al esquema eléctrico que se muestra en la Fig. 5-IX se han previsto en 1000 kVA cada uno, con posibilidad futura de ampliar la potencia a 2000 kVA cada uno.

En la Fig. 1-IX se han practicado los cortes A-B, C-D, y E-F. Los detalles de estos cortes se muestran en la Fig. 2-IX.

Por razones de operatividad, seguridad y economía estas instalaciones se disponen a la intemperie, con el nombre de playas para subestaciones tanto de rebaje como de elevación de la tensión como es el caso de las instalaciones en las playas de las centrales eléctricas.

Las medidas son conforme a una instalación real proyectada para intemperie.

El corte A-B se ha practicado a la altura del pórtico de bajada. Puede observarse en la Fig. 2-IX, que la línea entra en un seccionador bajo carga, pero es el corte C-D de la misma figura, la que ilustra mejor la secuencia eléctrica de la bajada en 33 kV.

En efecto, como dijimos, la línea ingresa en el seccionador bajo carga con cuchilla de puesta a tierra como se detalla en el esquema eléctrico de la Fig. 5-IX. El circuito de línea de llegada continúa su entrada al interruptor de potencia de 500 MVA con puesta a tierra.

Se observa la silueta de los transformadores de intensidad instalados a la intemperie, cuyos secundarios alimentarán las bobinas amperimétricas de los relés de sobreintensidad y de los amperímetros registradores de la intensidad de fase de cada conductor.

Prosiguiendo con la descripción del corte C-D, después del interruptor de potencia, la línea de 33 kV, ingresa en el primario del transformador de potencia (o poder como se indica en el dibujo del mencionado corte C-D).

La alimentación del secundario de cada transformador de poder de 1000 kVA cada uno, sale en 13,2 kV y para alimentar las barras que se encuentran instaladas en los tableros-celda a la intemperie que se muestran en el corte A-B y cuyo desarrollo eléctrico, el lector puede apreciar en la Fig. 3-IX.

La línea de 33 kV que nos ocupa, puede venir de un anillo conformado por esa tensión o bien de una subestación de 33 kV, donde se ha efectuado el rebaje de 132/33kV y por citar un ejemplo posible.

En el caso que venimos explicando, la línea de 33 kV rebaja a 13,2 kV en los transformadores de 13,2 kV para el servicio de 4 alimentadores aéreos conforme se indica en el desarrollo de la Fig. 3-IX.

En la Fig. 1-IX se ha esquematizado también el lugar físico que ocupan en la playa los tableros-celda para intemperie, que eléctricamente están descriptos en la Fig. 3-IX.

Los tableros celda son una disposición constructiva de tableros que también conforman la economía de diseño para la funcionalidad de la subestación.

CÁMARA SUBTERRÁNEA PARA USO PARTICULAR ALIMENTADA EN 13,2 KV

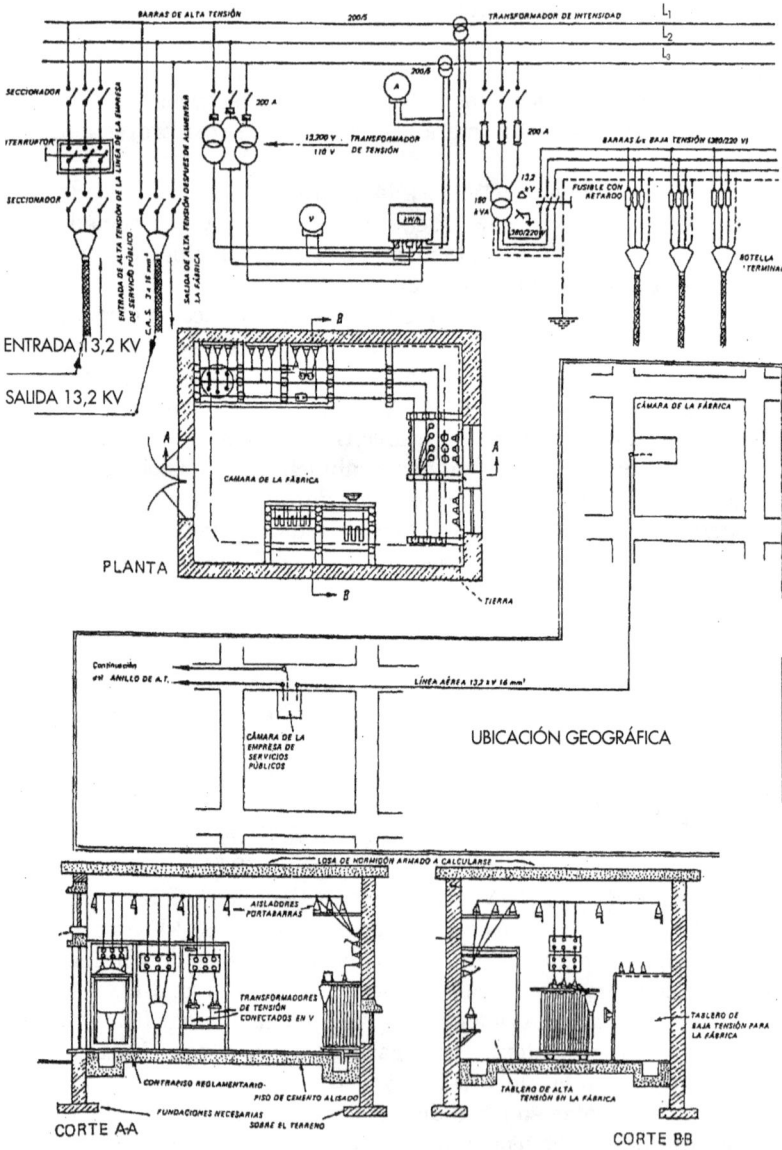

Fig. 8-IX. Cámara subterránea para uso particular alimentada en 13,2 kV.

Descripción eléctrica de la Fig. 3-IX

Comenzaremos con la celda 4. En esta celda se hace el control y medición de barras de 33 kV. En forma muy pequeña y por razones de dibujo se han esquematizado los dos transformadores de potencia, recibiendo tensión del primario en 33 kV y saliendo por los secundarios alimentación en 13,2 kV. Una alimentación en 13,2 kV sale hacia la izquierda para alimentar las barras (I) y otra alimentación en 13,2 kV sale hacia la derecha para alimentar las barras (II).

Como se trata de una celda destinada a medición y control en 33 kV, se han nominado los transformadores de medición para tensión (TT) y para intensidad (TI).

Esquemáticamente se ha nominado como (III) a las barras en 33 kV que alimentan los primarios de los trafos de potencia.

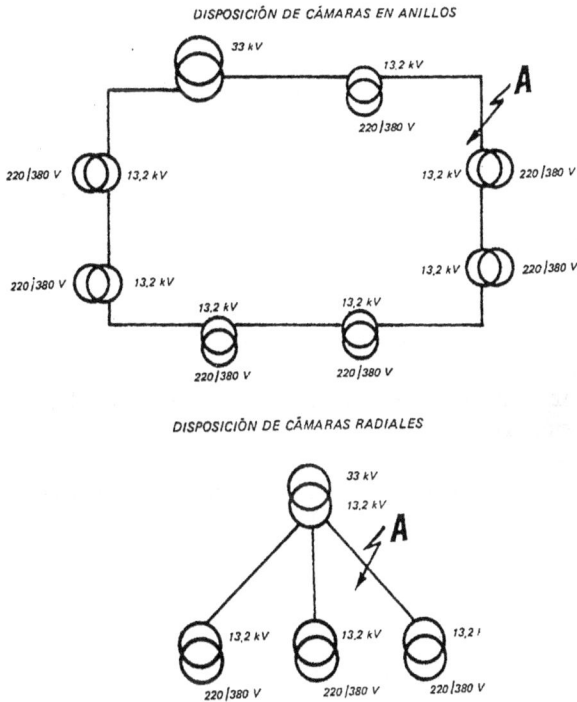

Fig. 9-IX.

Observe el lector que en el esquema de la celda 4, de barras en 33 kV, salen 2 interruptores de potencia y 2 seccionadores para entrar a los primarios de los trafos de 33/13,2 kV y con la inserción previa de los transformadores de medición para intensidad (TI).

La separación de barras (I) y (II), se encuentra a la altura de la Celda 5. Ambas barras (I) y (II), se encuentran conectadas en paralelo a través de seccionadores bajo carga y fusibles de alto poder de ruptura.

En la celda 4 se observa también la puesta a tierra rígida para el neutro de centro de estrella de los trafos de potencia y también una cuchilla de puesta a tierra. Por razones de claridad en el dibujo no se ha indicado la potencia de los transformadores de 1000 kVA cada uno.

Así las cosas, salen los alimentadores aéreos (líneas) N° 1 y N° 2 en 13, 2 kV y los alimentadores aéreos (líneas) N° 3 y N° 4, también en 13,2 kV. En las celdas 1 y 2 y 3 y 4, de donde salen los alimentadores aéreos, se han dispuesto relés de sobreintensidad para proteger cada conductor de fase de los cortocircuitos. Estos relés de sobreintensidad se han nominado con el número "1", con el número "2" los medidores de energía eléctrica, con el número "3" los relés Buchholz de los trafos, con el número "4" el relé de puesta a tierra y con el número "5" los relés de mínima tensión (falta de fase) en algún conductor.

La celda 5 está eléctricamente relacionada con la celda 6, donde se observa además la instalación de un trafo de por ejemplo 140 kVA 13,2/0,380/0,220 kV, salidas de baja tensión para los servicios auxiliares de la subestación (alimentación de rectificador para batería, iluminación, etc.).

Obsérvese también que en el panel del tablero de la celda 4 están representados 6 relés de sobreintensidad y 2 relés de mínima tensión-(falta de fase)

En la parte superior de las celdas 1, 3 y 4 se encuentran instrumentos de medición. Los amperímetros de la celda 1 y 4 tienen una llave selectora y el voltímetro de la celda 4 también.

En la Fig. 4-IX pueden apreciarse en detalle los cortes A-A' y B-B' de la Fig. 3-IX.

Cámaras de transformación

Como su nombre lo indica, estas instalaciones transforman la tensión de alimentación secundaria elevándola o reduciéndola.

Normalmente las cámaras de transformación reciben la tensión en media o alta tensión y la rebajan a 220/380 V para el servicio domiciliario u otro uso específico de alimentación eléctrica (edificios especiales, establecimientos comerciales o industriales, etc.).

En cuanto a su disposición, se conocen dos tipos de cámaras de transformación:

1. aéreas,
2. subterráneas.

1. Cámaras aéreas

Se las conoce con el nombre genérico de plataformas aéreas, porque en rigor de verdad el transformador de distribución se encuentra ubicado en una plataforma sostenida por postes que pueden ser de eucalipto o de hormigón armado.

El hormigón armado suele ser el elegido por razones de durabilidad a la intemperie y por mayor consistencia ambiental.

La Fig. 6-IX ilustra una plataforma aérea. En este caso particular se la utiliza como salida de una línea aérea de 13,2 kV, instalando un transformador que por su primario recibe alimentación desde un cable armado subterráneo en baja tensión (3*380V) y por el secundario tenemos la salida mencionada de 13,2kV.

En la Fig. 7-IX se visualiza el esquema eléctrico correspondiente.

Como es lo usual se ha dispuesto un seccionador tripolar con fusibles de alto poder de ruptura, donde el fusible es la protección de los conductores de la línea contra cortocircuitos.

2. Cámaras subterráneas

En la Fig. 8-IX se muestra en planta y cortes, la fisonomía eléctrica de una cámara de transformación subterránea, destinada en este caso a una alimentación en 13,2 kV para el consumo particular de un establecimiento fabril.

Como puede apreciarse en el esquema eléctrico, la tensión de 13,2 kV entra y sale de barras de la cámara subterránea y para alimentar otras cámaras del sistema eléctrico.

La vista de los cortes A-A y B-B de la planta son elocuentes en cuanto a la distribución de los componentes en el interior de la misma.

Estas construcciones se realizan en hormigón armado, en un lugar cedido por el cliente solicitante de la cámara y dentro de su predio.

En el presente caso la construcción es de naturaleza subterránea, pero también puede ser a nivel del terreno, en cuyo caso la construcción civil es de mampostería.

Disposición de plataformas aéreas para transformadores de distribución en 13,2/0,380/0,220 kV con postes de eucalipto y postes de hºaº.

Fig. 10-IX. Plataforma
aérea con postes de
eucalipto.

Fig. 11-IX. Terminales
de línea con secciona-
dor fusible y cambio
en la disposición de la
línea de 13,2 kV.

Fig. 12-IX. Plataforma aérea
con postes de hºaº.

CAPÍTULO X

APARATOS DE MANIOBRA

Se denomina "maniobra" al conjunto de operaciones destinadas a conectar o desconectar un circuito, una línea, un transformador o una instalación de sus alimentadores.

Las maniobras pueden incluir operaciones de interrupción (corte de la circulación de corriente) o de seccionamiento (estableciendo una distancia entre contactos que asegura la ausencia de tensiones peligrosas), o ambas cosas.

La maniobra puede hacerse en forma manual, semiautomática (servoasistida) o automática (por ejemplo con interruptores automáticos asistidos por relés temporizados, seccionadores asistidos por contactores, con señalización acústica y luminosa etc.).

Los aparatos de maniobra son, además, dispositivos que tienen la función de conectar o desconectar los circuitos eléctricos y también la protección de circuitos eléctricos (cables) contra las sobrecargas y cortocircuitos y fallas a tierra (protección de personas).

La correcta selección del aparato de maniobra se basa en el conocimiento de los motivos por los cuales se debe instalar y los principios básicos de funcionamiento del mismo.

INTERRUPTORES AUTOMÁTICOS DE POTENCIA

La automaticidad la da el calibrado o temporización de los relés incorporados a la operación que debe efectuar el interruptor ante sobrecargas térmicas y sobreintensidades por cortocircuito.

Entendemos por sobrecargas térmicas aquellas intensidades eléctricas que al superar el valor nominal para la que han sido fabricados los conductores comprometen su operatividad, por sobrepasar los valores estipulados por el fabricante. Normalmente hay un porcentaje de In como tolerancia en el tiempo, pasado el cual se hace necesaria la actuación de una protección específica que se denomina relé de sobre temperatura, de mínima tensión o relé de falta de fase, y para el caso de presencia de un cortocircuito, relé de sobreintensidad.

Es oportuno recordar que la falta de fase origina sobretemperatura, porque la máquina protegida (motor, transformador, etc.), para dar su potencia "reclama" mayor intensidad de corriente que la nominal con el consiguiente aumento de temperatura que debe ser controlado con la temporización del correspondiente relé, sacando de servicio la instalación para evitar por ejemplo, un incendio.

A manera de resumen, entonces, el interruptor protege a un transformador, provocando la desconexión a través de un relé específico llamado relé Buchholz, que al detectar sobretemperatura en los bobinados o aceite de un transformador por encima del valor aceptable que da el fabricante, desconecta la alimentación eléctrica, protegiendo al transformador de un incendio o del acortamiento de su vida útil por aquel exceso de temperatura no detectado.

Como lo hemos comentado en el Capítulo IX, son aparatos con capacidad de maniobra operativa suficiente para soportar las solicitaciones electromagnéticas que se presentan al entrar en servicio y sacar de servicio partes de la instalación (barras, transformadores, etc.) y cargas, existiendo o no perturbaciones y especialmente bajo las condiciones específicas del cortocircuito.

El interruptor es uno de los componentes fundamentales que asegura la confiabilidad del sistema para la protección de una línea, transformador o red eléctrica. Por este motivo en los laboratorios de los fabricantes y conforme a normas, se los somete a ensayos de todo tipo para determinar la condición operativa real del interruptor antes de su puesta en servicio y para establecer un punto de inicio operativo que determine su evolución.

Protegen, entonces, las instalaciones eléctricas, más precisamente a los transformadores y conductores de líneas y redes contra la temperatura de las sobrecargas y la intensidad eléctrica del cortocircuito.

Para ello poseen adicionalmente dos sistemas de disparo asociados insertos en los respectivos relés de mínima tensión (térmicos) y de sobreintensidad (magnéticos).

La mínima tensión origina calentamientos que son detectados por un bimetal que se calentará y deformará progresivamente con el paso de una sobrecorriente en un porcentaje que puede variar entre 10 y 45%

mayor que la In del interruptor, provocando finalmente el corte del circuito.

La sobreintensidad origina un efecto magnético que es informado por una bobina que provocará el inmediato disparo del interruptor en caso de cortocircuito. La bobina es un solenoide.

En ambos casos los elementos de los relés están intercalados por transformadores de medición en el circuito de corriente a proteger (protección primaria) y vinculados mecánicamente con el disparador del interruptor.

SELECCIÓN DEL INTERRUPTOR AUTOMÁTICO

Los requerimientos básicos para la elección del interruptor, son:

Tensión nominal (Vn): se refiere a la tensión de servicio Vn para la cual debe operar el interruptor.

Intensidad nominal (In): corresponde a la cantidad de corriente a conducir o transportar o de servicio.

Corriente de cortocircuito: La norma IEC-947 establece que la capacidad de ruptura o poder de corte del interruptor automático, debe ser por lo menos igual a la intensidad de cortocircuito estudiada en el punto de instalación del interruptor.

Sobre la base de estudios y ensayos realizados por los fabricantes según normas IEC, es frecuente encontrar potencias de ruptura o funcionamiento del interruptor como las que a continuación se detallan:

Para 13,2 kV   250 MVA.
Para 33 kV   500 MVA.
Para 66 kV   1000 MVA.

Seccionadores

Los seccionadores, por ser aparatos que no deben abrirse con carga, sino en vacío, se dimensionan sólo en función de la intensidad nominal (In) que deben servir, o sea:

$P/\sqrt{3}$ = I/Vn 1000/ $\sqrt{3*33}$ = 17,5 A.
Para 1.000 kVA en 33 kV In = 17,5 A.
Para 2.000 kVA en 33 kV In = 35 A.

Los seccionadores son dispositivos de seguridad para efectuar tareas de mantenimiento con los interruptores fuera de servicio y consecuente puesta a tierra por seguridad del personal.

La norma IEC 947 define como interruptor en carga a un aparato mecánico capaz de establecer una corriente eléctrica, conducirla, interrumpirla y soportar corrientes de sobrecarga [I>], cortocircuito [Icc] y solicitaciones electrodinámicas sin sufrir deterioros.

INTERRUPTORES PARA 132 KV (FIG. 1-X)

Los interruptores tripolares para 132 kV, están fabricados con reducido volumen de aceite y para montaje en playa exterior (Fig. 1-X).

Está básicamente fabricado con 3 polos a columna, cada uno con un solo elemento de interrupción por soplado transversal del arco.

Van apoyados sobre estructuras metálicas para insertarlos en bloques de hormigón armado, para resistir los efectos electrodinámicos provocados por los cortocircuitos y la fabricación permite el giro a 180° para facilitar la conexión, según la disposición de las barras de entrada y salida en la playa de la subestación donde van instalados. Los conexionados usuales son a cables o tubos de cobre o aluminio.

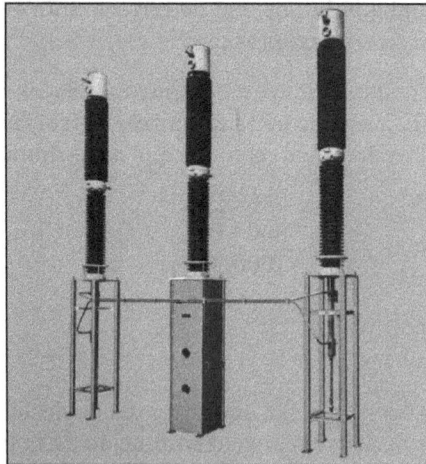

Fig. 1-X. Interruptor tripolar en pequeño volumen de aceite para 132 kV.

Los valores nominales figuran en la placa, conforme al siguiente detalle:

Tensión nominal:	132 kV
Frecuencia:	50/60 ciclos (Nota: Brasil trabaja con 60 ciclos)
Corriente nominal:	1250 A
Corriente de interrupción:	25kA
Poder de cierre (valor de cresta):	65 kA
Poder de interrupción:	5.700 MVA
Tiempo de arco:	< 35 ms (milisegundos)
Tiempo de interrupción:	< 65 ms
Tiempo de cierre:	<100 ms
Tiempo de recierre:	265 ms
Tensión de prueba a 50 ciclos Durante 1 minuto (valor eficaz):	325 kV
Tensión de prueba a impulso 1/50µs (valor de cresta):	750 kV

Como puede apreciarse en la Fig.1-X, este interruptor está constituido además, por:

- 3 polos de tipo columna, cada uno conteniendo un elemento de interrupción apoyado sobre la columna aislante de porcelana por donde pasa la biela aislante que acciona la barra de contacto,
- 3 cilindros hidráulicos de comando,
- la tubería de acero inoxidable que conecta los 3 cilindros hidráulicos al bloque de comando hidráulico de aceite.

En la Fig. 2-X se muestra un interruptor similar pero para instalación interior, por ejemplo una celda.

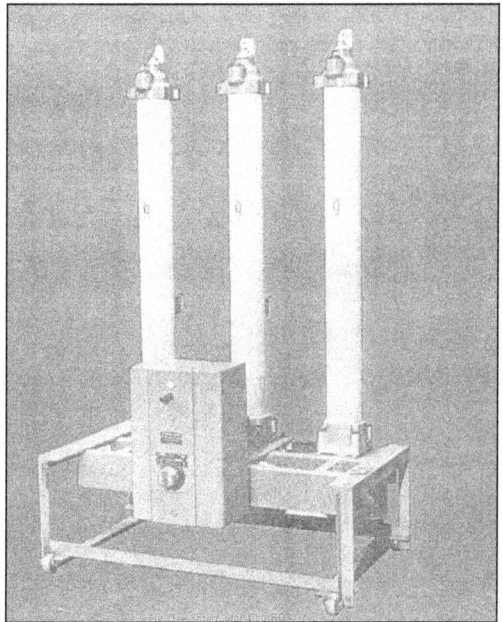

Fig. 2-X. Interruptor de 132 kV para instalación interior.

INTERRUPTORES TRIPOLARES EN AIRE COMPRIMIDO PARA 500 KV (FIG.3-X)

Tensión nominal:	500kV
Frecuencia:	50/60 Hz
Corriente nominal:	2000/3150 A
Tiempo de interrupción:	2 ciclos
Corriente de interrupción:	28/40 kA (eficaces)
Poder de interrupción:	25/35 GVA (Gigavoltamperes)
Poder de cierre:	70/100 kA (cresta)
Tiempo de cierre:	55 ms (milisegundos)
Tensión de prueba 50 hz durante 1 minuto:	790 kV (eficaces)
Tensión de prueba a impulso 1,2/50µs:	1800/2100 kV (cresta)
Presión de servicio:	≤ 30 kg/cm^2
Ciclo de operación:	0-0,3 segundos
Recierre:	tripolar
Temperatura ambiente:	–55ºC hasta 170 ºC

Fig. 3-X. Interruptor tripolar para 500 kV en aire comprimido instalado en playa de subestación.

132-145 kV, **220 kV**, **500 kV**

Modelo		En pequeño volumen de aceite	En hexafluoruro de azufre (SF6)		En aire comprimido		
Tensión nominal	kV	132	123	145	245	245	550
Frecuencia	Hz	50/60	50/60	50/60	50/60	50/60	50/60
Corriente nominal	A	1.200÷2.000	1.200÷2.000	1.250÷2.000	2.000÷3.150	2.000÷3.150	2.000÷3.150
Corriente de interrupción	kA	25	25	25	26,4/31,5	40	28/40
Poder de cierre (valor de cresta)	kA	65	63	63			
Poder de interrupción	MVA	5.700	5.300	6.250	12.000	15.000	30.000/35.000
Tiempo de interrupción	ms	< 65	< 65	< 50	2 ciclos	2 ciclos	2 ciclos
Tiempo de cierre	ms	< 100	< 130	< 130	55	55	55
Tensión de prueba 50 Hz 1 min (valor eficaz)	kV	325	230	275	460	460	1.050
Tensión de prueba a impulso 12,5/50 µs (valor de cresta)	kV	750	550	650	1.050	1.050	1.800/2.100
Presión de serv icio	Kg/cm²	—	5÷6	5÷6	≤ 30	30	≤ 30
Ciclo de operación			0,03 seg - CO - 3 min. - CO Tripolar o unitripolar				

Fig. 4-X. Características eléctricas de interruptores para 143 kV, 220 kV y 500 kV.

La Fig. 4-X muestra las características eléctricas de interruptores para 132 kV, 220 kV y 500 kV.

En la Fig. 5-X podemos apreciar las características eléctricas de un interruptor para 500 kV.

Tipo		DLF	DLFK
Tensión nominal	Hz	550	550
Frecuencia	Hz	50/60	50/60
Corriente nominal	A	2.000/3.150	2.000/3.150
Tiempo de interrupción	Ciclos	2	2
Corriente de interrupción	KA (ef.)	28/40	28/40
Poder de interrupción	GVA	25/35	25/35
Poder de cierre	KA (cr.)	70/100	70/100
Tiempo de cierre	ms	55	55
Tensión de prueba 50 Hz 1 min.	KV (ef.)	790	790
Tensión de prueba a impulso 1,2/50 µs	KV (cr.)	1.800/2.100	1.800
Presión de servicio	Kg/cm²	< 30/≤30	150/30
Ciclo de operación		0-0,3 seg - CO - 3 min - Recierre	
Recierre		Tripolar o unitripolar	
Temperatura ambiente admisible		(–) 55 °C hasta (+) 70 °C	
Número de cámaras de interrupción por fase		6	4

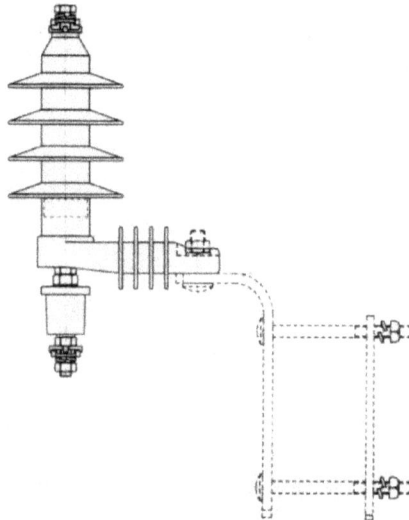

Fig. 5-X. Características eléctricas para interruptores de 500 kV.

La Fig. 6-X muestra el aspecto eléctrico de un interruptor tripular para 33 kV para instalación intemperie en la playa de una subestación.

Fig. 6-X. Interruptor tripolar para 33 kV para instalación en playa de subestación.

SECCIONADORES

1) Bajo carga
Están destinados a desconectar estableciendo una distancia de separación y a hacer la maniobra prácticamente sin corriente, o practicar esa maniobra con intensidad, cuando no se producen variaciones esenciales de tensión o diferencia de potencial existente entre las piezas o cuchillas de contacto.

Son aparatos con capacidad de maniobra suficiente para soportar las solicitaciones que se presentan al conectar y desconectar partes de la instalación y cargas. En caso de cortocircuito accionan los correspondientes fusibles de alto poder de ruptura.

Trabajan como los interruptores bajo carga, pero estableciendo una distancia de seccionamiento importante.

Los seccionadores bajo carga son utilizados en tensiones de 13,2 y 33 kV en electrificación rural, reemplazando por razones económicas y operativas a los interruptores.

Se accionan con comando a pértiga aislante desde el suelo y sobre una base aislante por razones de seguridad para el personal de operación, maniobra y mantenimiento (reposición de fusibles, etc.).

La selección de los aparatos de maniobra y protección eléctrica, en el transcurso de los últimos años, ha sumado a las exigencias básicas de intensidad nominal, tensión de servicio y capacidad de ruptura, los de máxima seguridad operativa y por sobre todo tiempos mínimos de reposición ante eventuales disparos.

También se fabrican seccionadores tripolares de corte bajo carga para uso en interiores en las tensiones de servicio mencionadas precedentemente y están previstos para maniobra de cierre y apertura con velocidad independiente del operador, efectuada en forma manual o a motor.

La maniobra a distancia se realiza con la ayuda de contactores, estando los seccionadores bajo carga para interior en una celda tipo cabina.

Pueden integrarse con una base portafusible para alojar fusibles de alto poder de ruptura (el fusible como hemos señalado protege contra cortocircuitos). La fusión de un elemento fusible automáticamente hace salir de servicio al seccionador bajo carga. Los contactos auxiliares permiten la señalización óptica y/o acústica para detectar la anormalidad de interrupción del servicio.

Como lo hemos dicho precedentemente, estos aparatos son una solución más económica que los interruptores, con seguridad y funcionalidad en problemas de distribución en un establecimiento fabril en media tensión para maniobra y protección de transformadores, cables y líneas, principalmente en tensiones de 13,2 kV y 33 kV.

Son también dispositivos de seguridad para tareas de seccionamiento destinadas a mantenimiento y/o reparaciones de las instalaciones donde están conectados.

La Fig. 7-X exhibe el aspecto de un seccionador bajo carga para instalación en celda interior para una tensión de 13,2 kV o 33 kV, e intensidades de hasta 600 A, como puede ser el caso de llegada y/o salida de una línea en una celda interior (Ver Figs. 3 y 4 del Cap. IX), una cámara subterránea de transformación, etc.

La protección se complementa con fusibles para alto poder de ruptura.

El accionamiento manual se efectiviza con una pértiga. La apertura y cierre también puede ser gobernada a distancia por un contactor con los correspondientes contactos auxiliares y además para señalización acústica y luminosa.

Es una solución más económica que la adquisición e instalación de un interruptor.

En la Fig. 8-X puede verse otro diseño de seccionador bajo carga pa-

Fig. 7-X. Seccionador bajo carga para instalación en interior para 13,2 kV y 33 kV para maniobra y protección con fusibles de alto poder de ruptura.

ra instalación exterior en 13,2 kV y 33 kV, sin fusibles y con accionamiento rotativo para la apertura y cierre de las cuchillas.

La ventaja operativa del seccionador rotativo con relación al de cuchillas convencionales, es la de poseer constructivamente contactos móviles que interrumpen el circuito como mínimo en dos puntos simultáneamente y un mecanismo de cierre y apertura cuya velocidad de accionamiento es independiente del operador.

Fig. 8-X. Seccionador tripolar rotativo para instalación exterior en 13,2 kV y 33 kV (sin fusibles).

La Fig. 9-X muestra un seccionador tripolar bajo carga para línea aérea de 13,2 kV, dispuesto sobre una cruceta de uso exclusivo y amarrada al mismo poste.

Este aparato se conecta o desconecta por medio de una pértiga desde el suelo y puede soportar aperturas con intensidades de hasta 900ª sin producir arcos externos.

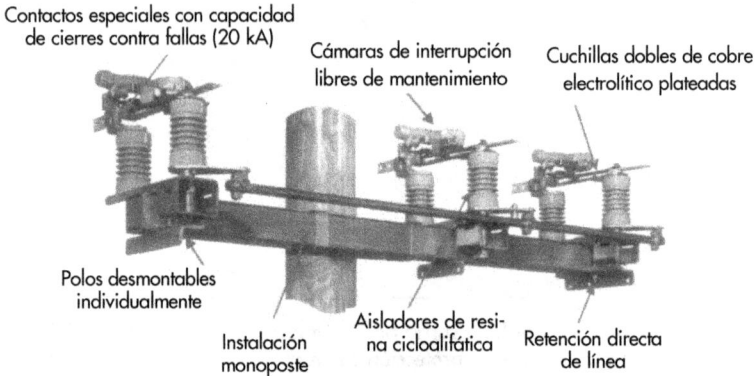

Fig. 9-X. Seccionador tripolar bajo carga para línea aérea de 13,2 kV.

Se destina a postes de electrificación rural (eucalipto) y es apto para sacar la línea de 13,2 kV de servicio y volverla a electrificar, sin la complejidad y el costo de adquisición e instalación para un interruptor convencional.

La instalación del seccionador tripolar bajo carga se dispone antes de la entrada de la línea al primario del transformador. El transformador de relación 13,2/0,380/0,220 kV, puede tener una potencia por ejemplo de 40 kVA para una alimentación eléctrica a un establecimiento determinado.

Esta potencia de transformador de 40 kVA permite adosarlos al poste. Para potencias mayores puede convenir apoyarlo sobre una plataforma aérea o en el suelo por razones de seguridad y operativas.

Los transformadores apoyados sobre postes se fabrican con cuba redonda para mitigar los efectos de los vientos, por ofrecer menor resistencia a su fuerza.

En el inicio de la línea de 13,2 kV que nos ocupa, se dispone otro seccionador tripolar bajo carga similar al que estamos describiendo en la Fig.

9-X y para sacar de servicio las líneas por tareas de mantenimiento en el seccionador de llegada por desmontaje de una fase, reparaciones, etc.

La Fig. 10-X muestra un seccionador rotativo para alta tensión (132 kV y 66 kV) para emplazamiento en playa de subestación.

La disposición de este tipo de seccionador es aguas arriba y aguas abajo del interruptor exterior y puede estar dotado de cuchilla de puesta a tierra. Los elementos conductores están fabricados en cobre, plata y aleación de cobre.

Las piezas metálicas están protegidas contra la corrosión con un proceso de galvanizado o zincado por inmersión en caliente, debido a su exposición a la intemperie en la playa de la subestación.

Los aisladores están fabricados con resinas epóxicas aptas para soportar la acción de agentes exteriores (rayos UV, contaminación ambiental, corrosión, etc.) y efectos de vandalismo (hondazos, impactos de bala, etc.).

El accionamiento (sin carga) se hace manualmente por comando con pértiga. También pueden ser de comando motorizado, enclavamientos e indicadores luminosos en forma local o a distancia.

La Fig. 11-X nos ilustra un seccionador bajo carga a cuchilla para instalación interior en celda en tensión de servicio de 13,2 kV.

Obsérvense las cámaras apagachispas en la cabeza de las cuchillas y los fusibles de alto poder de ruptura para proteger contra cortocircuito a los conductores de la línea.

Fig. 10-X. Seccionador rotativo para alta tensión (66 kV y 132 kV) para subestaciones de tipo exterior (playa).

Fig. 11-X. Seccionador tripolar bajo carga para 13,2 kV en montaje interior con fusibles de alto poder de ruptura.

2) A cuchilla

Son aparatos destinados a desconectar circuitos y maniobrar prácticamente sin corriente o para maniobrar corrientes cuando no se producen variaciones esenciales de las tensiones entre aguas arriba y aguas abajo en el lugar de maniobra.

Generalmente complementan la apertura de un circuito, después de la desconexión del interruptor.

Algunos seccionadores de cuchilla tienen la construcción necesaria para la puesta a tierra de los mismos. (Ver Fig. 5 del Capítulo IX.)

CAPÍTULO XI

APARATOS DE PROTECCIÓN

TRANSFORMADORES DE MEDIDA (FIG. 1-XI)

Los transformadores de medida, también llamados "de medición", están destinados al uso de los instrumentos de medida.

En efecto, las bobinas de los instrumentos tanto voltimétricas como amperimétricas en voltímetros, amperímetros, watímetros, medidores, relés, etc., no están preparadas para trabajar a las tensiones nominales de servicio en líneas y subestaciones.

Por este motivo, los secundarios de los transformadores de medición, vienen construidos y calibrados a los valores necesarios para conectar las bobinas amperimétricas y voltimétricas de los instrumentos de medida alojados en los tableros de las subestaciones o en las playas de las subestaciones. Normalmente las bobinas amperimétricas no toleran más de 5A y las voltimétricas 110 Voltios.

Es así que los transformadores de medición se clasifican en:

– Transformadores de tensión (Fig. 1-XI-b).
– Transformadores de intensidad (Fig. 1-XI-a).

En la Fig. 1-XI a), puede apreciarse que la In de la barra es de 100 A y el secundario para 5A, lo cual se indica 100/5.

En la Fig. 1.XI b), uno de los transformadores de tensión es para $13,2/\sqrt{3}/$. $11/\sqrt{3}$ kV. El otro transformador de tensión es para $33/\sqrt{3}/.11/\sqrt{3}$ kV

En los transformadores de medida para intemperie, una cubierta de resina epóxica los hace aptos para soportar los factores ambientales.

a) Transformadore de intensidad.

b) Transformadores de tensión.

Fig. 1-XI. Transformadores de medición.

CAPÍTULO XII

APARATOS DE MANIOBRA Y PROTECCIÓN

APARATOS DE PROTECCIÓN

La Norma IEC define las características de los aparatos de protección, según sus posibilidades de corte:

- **Seccionador**: cierra y corta sin carga. Puede soportar un cortocircuito, aun cuando esté cerrado. Es un dispositivo apto para seccionar un circuito en posición de abierto.

- **Interruptor**: Se lo denomina interruptor manual o seccionador bajo carga. Cierra y corta con carga y sobrecarga hasta un determinado múltiplo de intensidad nominal, por ejemplo 8 In, valor este que está determinado por el diseño del fabricante. Soporta y cierra sobre cortocircuito, pero no lo corta.
  - **Interruptor seccionador**: Interruptor que en posición de abierto, satisface las condiciones especificadas para un seccionador.
  - **Interruptor automático**: Dispositivo de interrupción que satisface las condiciones de un interruptor seccionador e interrumpe un cortocircuito.

- **Fusibles para alta capacidad de ruptura (NH)**: Se emplean para proteger instalaciones de maniobra y conductores eléctricos contra sobrecargas y cortocircuitos.

Las corrientes de sobreintensidad de breve duración (hasta 75% del tiempo de fusión) pueden fluir con una frecuencia prácticamente arbitraria, sin modificar las características de los fusibles NH. A través de estos puede pasar una corriente cuya intensidad sea hasta 1,15 In (15%

por encima de la intensidad nominal para la cual ha sido diseñado el circuito donde el fusible está instalado).

Estos elementos presentan una característica lenta ante las sobrecargas, pero muy rápida ante el cortocircuito.

SECCIONADORES FUSIBLES BAJO CARGA (VER FIG. 11-X).

Constructivamente se componen de un bastidor con tres bases interceptoras unipolares para cartuchos fusibles NH sobre los que se encuentran ubicadas las cámaras apagachispas de material cerámico, de una placa central de cierre y una placa de conexión de material aislante, portadora de los cartuchos fusibles NH.

Los seccionadores fusibles pueden conectar o desconectar en forma tripolar bajo determinadas condiciones operativas inherentes a los consumos eléctricos a ellos conectados bajo carga y sin peligro alguno (ver Fig. 22-V).

SECCIONADORES BAJO CARGA DE CORTE RÁPIDO

Su comando es generalmente manual, con pértiga, y se pueden distinguir dos clases:

1. Seccionadores bajo carga de corte rápido

En este tipo de seccionadores la velocidad de separación de los contactos es independiente de la velocidad de accionamiento del operador que acciona la palanca de comando (Ver Fig. 7-X).

2. Seccionadores bajo carga rotativos (Ver Fig. 8-X).

Son de corte y cierre semirrápido. Están basados en un eje cuadrado que al rotar 90°, hace girar levas impulsando bridas que desplazan los contactos.

PROTECCIONES ELÉCTRICAS

No es posible la elección de un aparato o dispositivo de protección eléctrica, sin el previo cálculo de la intensidad de cortocircuito Icc, o por defecto debido a una tensión inferior a la nominal, sin haber realizado un estudio y proyecto completo de la instalación eléctrica, partiendo de una fuente de alimentación (transformador, alternador, barras de la distribuidora de energía eléctrica, etc.).

PROTECCIONES CONTRA SOBRECARGAS

Las características de funcionamiento de protección deben satisfacer las siguientes condiciones:

1) $Ib \leq In \leq Iz$,
2) $Ia \leq 1,45\ Iz$.

donde:

Ib: intensidad real de la carga que circula por el conductor o circuito.,
In: intensidad nominal del dispositivo de protección,
Iz: intensidad admisible en el conductor compatible con la máxima temperatura que puede soportar (dato que da el fabricante del cable),
Id: intensidad de disparo o actuación del dispositivo de protección (relé),
En la práctica y para interruptores automáticos es suficiente el cumplimiento operativo de la condición 1).

Protección contra cortocircuito

El poder de corte del dispositivo de protección debe ser como mínimo igual a la Icc más desfavorable prevista en el punto de instalación del aparato (por ejemplo un interruptor).

El tiempo de corte del aparato frente a un cortocircuito producido en cualquier punto de la instalación, no debe ser superior al tiempo en el que el conductor llegue al límite de temperatura admisible informada por el fabricante del cable.

En general, los valores de la Icc para una fuente de alimentación (barras de BT, transformador, alternador), ya hemos dicho precedentemente que son valores informados por los fabricantes o por la distribuidora de energía eléctrica (Edenor, Edesur, Edelap, etc.).

ASOCIACIÓN

La asociación permite determinar o calcular el poder de corte para dos dispositivos de protección. El poder de corte de un aparato debe ser al menos igual a la Icc que puede producirse en el lugar donde esté instalado.

Sin embargo, es admisible que el poder de corte sea inferior al valor de Icc, a condición de que un dispositivo de protección contra cortocircuito (por ejemplo un fusible) instalado aguas arriba, tenga un poder de corte suficiente como para proteger al aparato (por ejemplo otro fusible), instalado aguas abajo.

La asociación es la compatibilidad entre un dispositivo de protección situado aguas arriba y un aparato situado aguas abajo y para conseguir aumentar el poder de corte de este último.

COORDINACIÓN ENTRE MANIOBRA Y PROTECCIÓN

La coordinación entre aparatos se puede estudiar en función de varios parámetros, como tensión, tipo de coordinación, categoría de empleo, etc.

A manera de ejemplo, pueden estudiarse los siguientes tipos de coordinación:
- interruptor automático + contactor + relé térmico,
- fusible + interruptor automático,
- seccionador + interruptor automático-fusible + seccionador.

SELECTIVIDAD (VER FIG. 1-XII a), b) c)

La selectividad estudia las regulaciones entre dispositivos de protección, atendiendo a una escala de temporizaciones.

Los equipos de protección contra sobreintensidades no sólo tienen la función de proteger las instalaciones contra los daños que pueden provocar las sobreintensidades (elevación de temperatura, efectos electrodinámicos entre los conductores por tracción y rechazo, calcinación de material aislante, fusión de contactos, de arrollamientos, de conexiones en cables, etc.), especialmente en el cortocircuito, sino también la separación defectuosa del circuito o la línea del resto de la instalación y esto en el tiempo más breve posible (del orden de milisegundos).

Para que un defecto producido en un punto cualquiera de un circuito sea eliminado o suprimido por la protección instalada inmediatamente aguas arriba de aquel defecto y sólo por ella, se deben coordinar adecuadamente las temporizaciones y capacidades de corte de los dispositivos.

En el escalonamiento desde sobrecarga hasta cortocircuito franco, se dice que la coordinación es selectiva si I_2 abre e I_1 permanece inactivo (Ver Fig. 2-XII).

Si esta condición indicada en la Fig. 2-XII no se cumple, la selectividad es parcial o no existe.

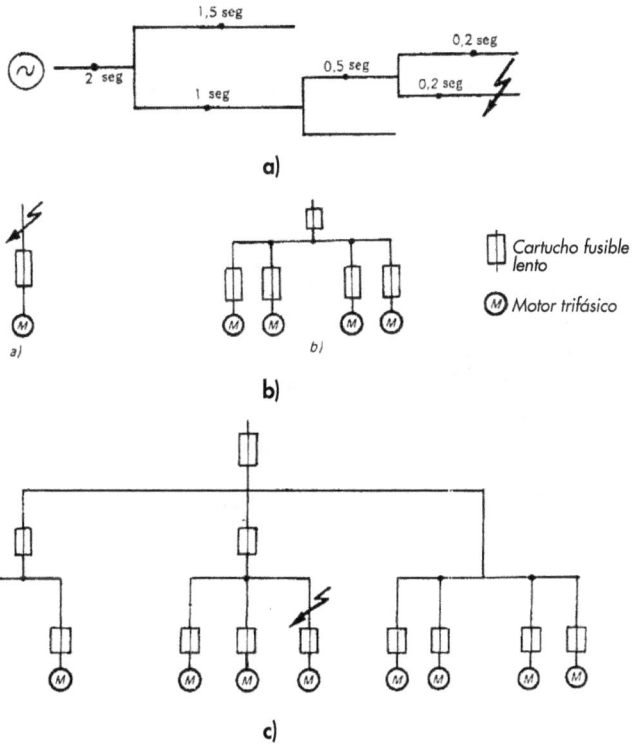

a)

Cartucho fusible lento

Motor trifásico

b)

c)

Fig. 1-XII.

a) Con interruptores.

b) Con fusibles.

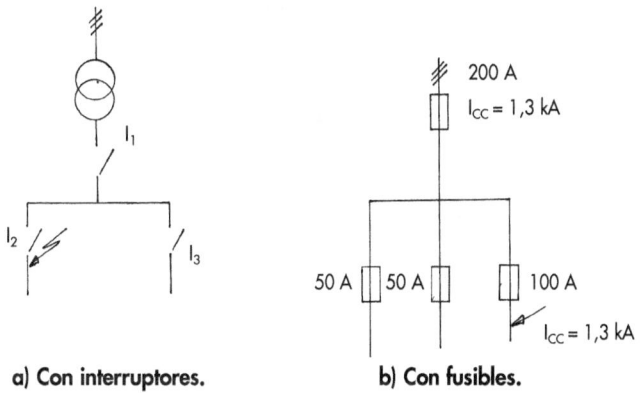

Fig. 2-XII. Concepto de selectividad.

RELÉS DE PROTECCIÓN

En las líneas eléctricas existen muchas causas que pueden perturbar el servicio o prestación normal, y entre ellas, las que hemos estado describiendo, o sea:

1. **Cortocircuito**: conexión directa entre dos o más conductores o cables de distinta fase. Los cortocircuitos aumentan extraordinariamente la intensidad de corriente que atraviesa un circuito eléctrico provocando la calcinación de materiales aislantes, fusión metálica de contactos, conexiones de cables, etc., y es una valor exagerado y breve de intensidad eléctrica que debe interrumpirse antes que llegue a su valor máximo o de cresta y en un tiempo de milisegundos.
2. **Sobrecarga**: es la intensidad de corriente eléctrica superior a la del valor para la cual fue proyectado el circuito.
3. **Retorno de corriente**: se produce normalmente en los circuitos para corriente continua y cuando la intensidad de corriente disminuye hasta valores inferiores a cero, entonces la corriente se invierte o "retorna" a la fuente.
4. **Subtensión**: cuando la tensión de servicio se hace inferior a la tensión nominal, o sea cuando V < Vn.

El relé de protección está operativamente asistido por una fuente auxiliar de tensión en corriente continua (12, 24, 50, 110, 220 V), para activar el mecanismo de disparo que desconecta o pone fuera de servicio a un interruptor por cortocircuito o sobrecarga, cumplida la temporización prevista para ese cometido.

Clasificación de los relés de protección

a) por las características constructivas:
  – electromagnéticos,
  – de inducción,
  – electrodinámicos,
  – electrónicos,
  – térmicos.
b) por la magnitud eléctrica que controlan:
  – de intensidad,
  – de tensión,

- de potencia,
- diferenciales,
- de frecuencia.

c) por el tiempo de funcionamiento:
  - de acción instantánea (característica de la Fig. 3-XII),
  - de acción diferida (característica de Fig. 4-XII),
  - de retardo independiente: la temporización o tiempo de dispa-
    ro es siempre la misma, cualquiera sea el valor de la intensi-
    dad que provoca el funcionamiento del relé (característica de
    Fig. 5-XII),
  - de retardo dependiente: no tiene el relé una temporización fija
    como en los anteriores casos, sino que varía con la intensidad I
    que controla el relé.

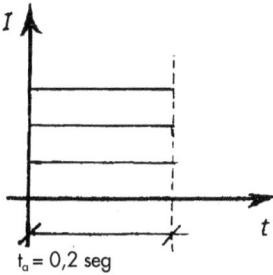

Fig. 3-XII.

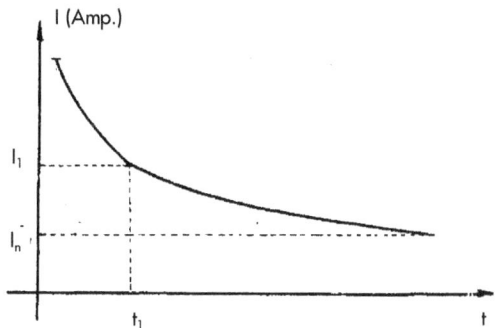

Fig 4-XII.

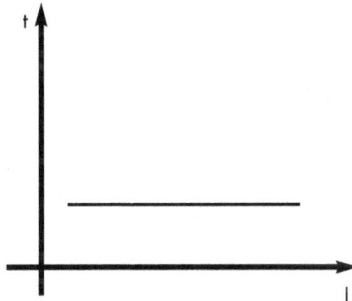

Fig. 5-XII.

Relé Buchholz (Fig. 6-XII)

Protege los arrollamientos de los transformadores contra cualquier sobreelevación peligrosa de la temperatura como consecuencia de una sobrecarga dentro de la cuba (aceite aislante, bobinados, etc.).

Contactos auxiliares normalmente abiertos (NA), cierran circuitos de alarma sonora o luminosa para sobrecargas (b_1), y circuito de bobina de relé para sobreintensidades (b_2).

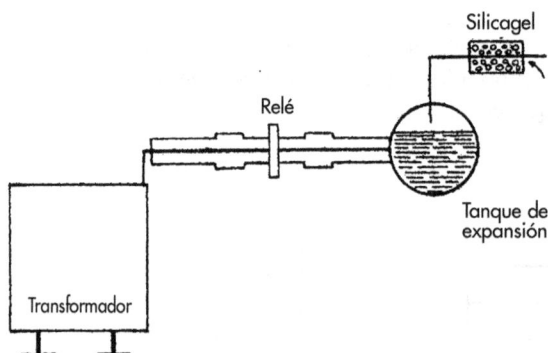

Fig. 6-XII.

PUESTAS A TIERRA

Todos los postes, sean de madera o de hormigón armado deben conectarse a tierra. Para ello se unen todas las partes metálicas del mismo y la correspondiente morsetería del soporte.

Puesta a tierra en postes de hormigón

Tanto los postes simples como los que componen una estructura de poste doble, se conectan a tierra en forma independiente.

Estas conexiones se realizan con una jabalina cilíndrica de acero-cobre de diámetro conforme a reglamentación y normas y de una longitud de 2 a 3 metros, hincada hasta que su extremo superior quede a 1 metros de profundidad con respecto al nivel del suelo (Fig. 7-XII y 8-XII).

La vinculación de ménsulas y crucetas entre sí y la morsetería

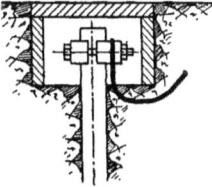

Fig. 7-XII. Detalle de la caja de inspección para la jabalina.

Fig. 8-XII. Toma de tierra (jabalina) para la descarga del pararrayo.

(abrazaderas, etc.) se efectuará con conductor de cobre estañado de 35 mm² o lo que corresponda, con la ayuda de adecuados terminales.

La resistencia de puesta a tierra, deberá ser < 10 Ω.

Puestas a tierra en postes de madera

Se efectuará la puesta a tierra de todas las partes metálicas, excepto los pernos de aisladores y las abrazaderas soporte.

Como en el caso anterior la resistencia admisible será < 10 Ω.

Independientemente de las puestas a tierra ya mencionadas, se conectarán también a la misma las partes metálicas de los aparatos de maniobra (seccionadores, seccionadores bajo carga, cuba de transformadores, pararrayos, botellas terminales de cables armados subterráneos (CAS), siendo la máxima resistencia contra tierra de 3 Ω.

Para llegar a estos valores, se utilizará la cantidad necesaria de jabalinas, a una distancia no menor a su longitud entre cada una de ellas.

PARARRAYOS (FIG. 9-XII a), b), c)

Los conductores o hilos de guardia tienen la finalidad de conducir a tierra las descargas atmosféricas provocadas por rayos a través de las tomas de tierra instaladas en cada poste del piquete.

En las líneas que no tienen hilo guardia en 13,2 kV, los pararrayos están convenientemente conectados a la toma de tierra del correspondiente poste. La parte activa del pararrayo o descargadores de sobretensión está conformada por varistores de óxido de zinc que canalizan la sobreintensidad del rayo hacia la toma de tierra enclavada en el lateral del poste conforme lo explicado precedentemente.

La envoltura que soporta al varistor está conformada por una cubierta de polímero siliconado.

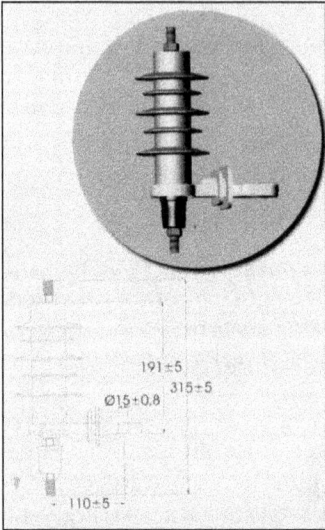

191±5
315±5
Ø15±0,8
110±5

a) Pararrayos (descargadores de sobretensión) fabricados con material polimérico, aptos para 13,2 kV y 33 kV.

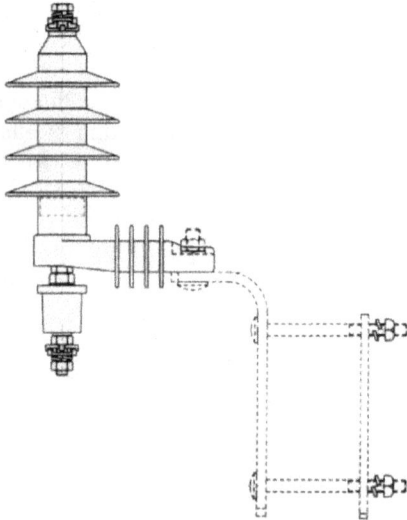

b) Detalle de la fijación de un pararrayos para línea de 13,2 kV en poste de eucalipto con pernos roscados con tuerca y arandelas "Erover".

c) Cruceta adicional de uso horizontal para montar descargadores de tensión (pararrayos).

Fig. 9-XII.

Un adecuado soporte de fijación diseñado actualmente en material polimérico, de alta resistencia mecánica y eléctrica permite una funcional fijación en el poste.

La fabricación de pararrayos responde a la norma IRAM 2472. La selección de los pararrayos depende de la tensión de la línea, o sea que se diseñan y fabrican pararrayos para 13,2 kV, 33 kV, 132 kV, 500 kV.

TABLEROS (FIG. 10-XII)

En este capítulo se hará una reseña de los tableros utilizados en subestaciones.

La distribución de la energía eléctrica en media y alta tensión se concreta prioritariamente en las subestaciones.

Los tableros pueden estar conformados por celdas de uso exterior o intemperie o bien por celdas de uso interior.

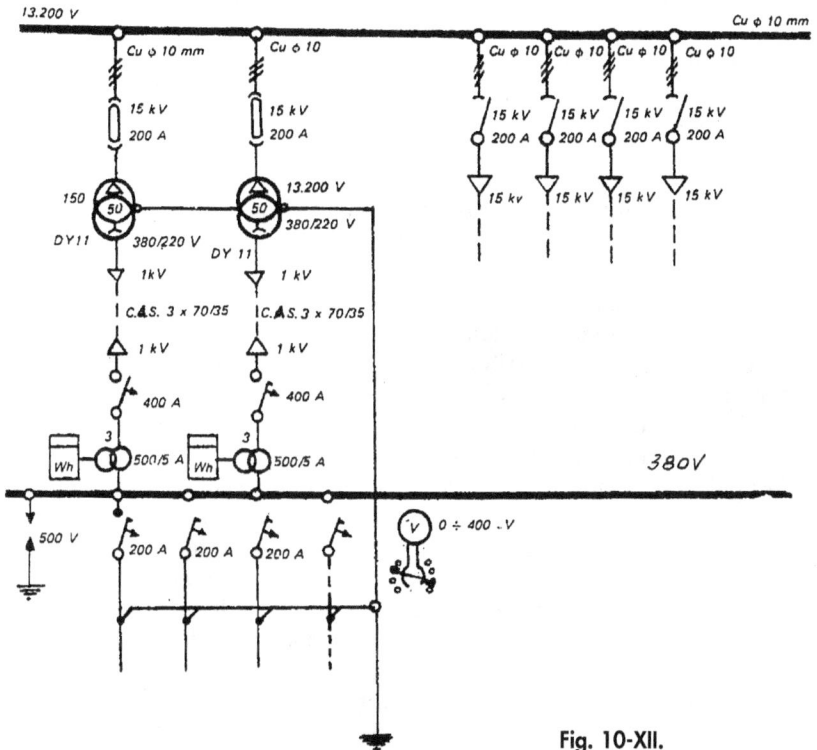

Fig. 10-XII.

En estas celdas están contenidos los aparatos de protección y maniobra que gobiernan la distribución de la energía eléctrica y conforme a normas y reglamentaciones tanto de seguridad para el personal operativo como para la explotación del servicio eléctrico.

En las subestaciones, además, los tableros incorporan funciones de medición, señalización luminosa y acústica, complementos estos de las funciones principales de maniobra y protección.

Los ejemplos más elocuentes son, entre otros, los instrumentos de medición (voltímetros, amperímetros, watímetros, cofímetros, etc.), lámparas indicadoras de circuitos, monitoreo de cargas en la línea, etc.

Como hemos mencionado precedentemente, los tableros están conformados por celdas o gabinetes que la plaza especializada ofrece para cada diseño y necesidad.

En épocas pretéritas, la construcción de los tableros era una tarea a cargo de herreros, soldadores y pintores en obra.

En la actualidad esta modalidad ha quedado superada por un espectro comercial de celdas y gabinetes modulares funcionales para cada servicio operativo conforme a pedido del cliente.

En la Fig. 10-XII se muestra un proyecto de tablero que deberá integrarse en dos celdas o gabinetes, uno para cada transformador de 50 kVA, en servicio de 13,2/0,400 kV destinado a alimentar barras en BT en 380 V, con más 4 salidas adicionales dotadas en esta oportunidad de interruptores para 200 A. Como puede observarse para este tipo de tensión en 13,2 kV, el neutro rígido está conectado a tierra.

Aguas arriba o en forma antepuesta de las barras de BT, se han dispuesto interruptores automáticos de 400A. Aguas abajo o en forma pospuesta, interruptores automáticos para 200 A.

La conexión entre salida de BT de los secundarios de los transformadores y barras de distribución en BT se realiza con cable armado subterráneo (CAS) de 3 * 70/35 mm².

Debajo de los interruptores automáticos de 400 A se han dispuesto los correspondientes transformadores de medición (en este caso transformadores de intensidad), cuyo arrollamiento secundario alimenta los medidores de energía eléctrica entregado a barras de BT.

De la salida de barras de 13,2 kV se han previsto seccionadores fusibles bajo carga para 15 kV y 200 A que protegen contra sobrecargas y cortocircuitos a cada uno de los transformadores de 50 kVA.

A la derecha del esquema se observan 4 salidas de barras de 13,2 kV o alimentadores para otros destinos que ahora no analizaremos.

Una llave selectora conecta a un voltímetro que permite monitorear la tensión entre fases L_1-L_2,L_1-L_3,L_2-L_3 y con respecto al neutro N de barras de BT.

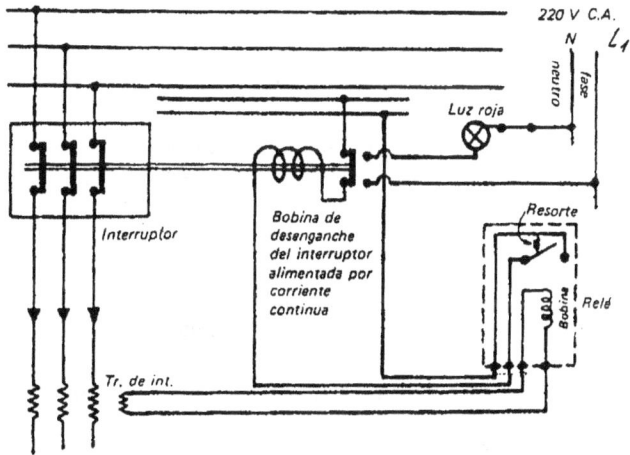

Esquema de un relé de sobreintensidad.

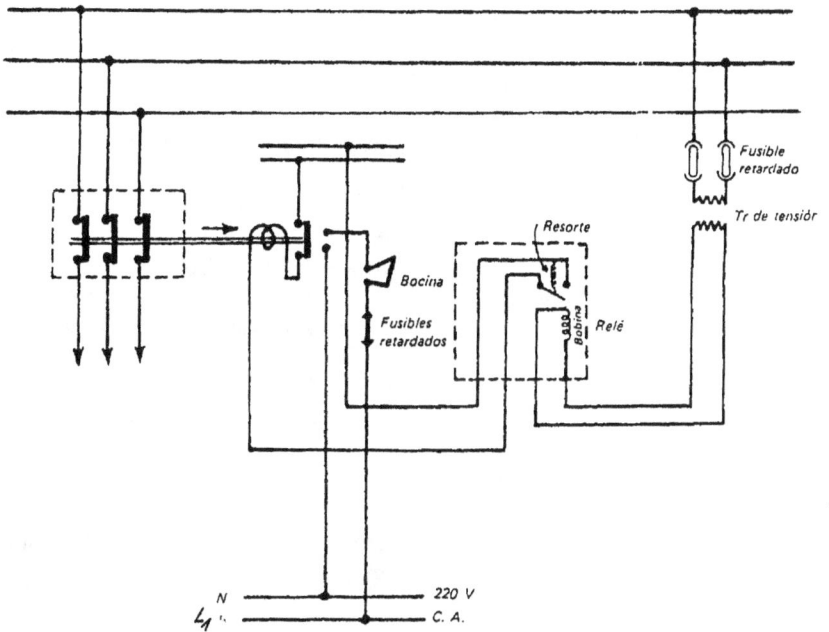

Esquema de un relé de mínima tensión.

APÉNDICE OPERATIVO

La información técnica necesaria y suficiente para la selección en la etapa de proyecto de los aparatos para maniobra y/o protección, más conveniente a instalar en una línea de MT, AT o subestación, puede encontrarse normalmente en los diferentes catálogos de los fabricantes para equipamiento.

Con la finalidad de simplificar dicho proceso, estudios especializados en el tema específico de líneas y subestaciones e instalaciones complementarias, disponen como herramienta de trabajo programas de Windows (por ejemplo Excel), que facilitan, gracias a la informática, definir una instalación según las normas y reglamentos (IRAM, IEC, AEA, etc.).

Es así que se definen con precisión y esmero parámetros críticos para el cálculo de Iz, Icc, Id, $\Delta U,R,X,Z$ con el estudio y análisis de la optimización de costos en materiales y mano de obra, como así también seguridad y mantenimiento para la operatividad de los sistemas diseñados.

Se facilita entonces el proyecto dentro del entorno operativo que ofrece Windows, permitiendo desde el inicio del proyecto crear y diagramar el esquema unificar más funcional a la instalación, conforme a la necesidad con más el recurso interactivo de una biblioteca de símbolos correspondientes a los más distintos componentes electromecánicos.

La inserción y configuración de los esquemas se logra sencillamente mediante el empleo del "mouse", posicionando los símbolos en líneas, subestaciones, etc.

Se optimiza así la relación costo-beneficio utilizando paquetes de software específicos para cada proyecto y aplicación, incluyendo cálculos complejos (Ecuación de Estado, Intensidades de Cortocircuito, Selectividad de Protecciones, etc.).

Los principales clientes de estos servicios de estudios y proyectos, son entre otros las distribuidoras de energía eléctrica (empresas, cooperativas, entes nacionales y provinciales, etc.), para la implementación de proyectos y ejecución de obra de raíz licitatoria desde su concepción hasta el desarrollo de la obra por el denominado sistema de "llave en mano".

Empresas especializadas conforman los pliegos de licitación y su posterior informe con recomendaciones y calificación de oferentes para la adjudicación de los trabajos, desarrollándose planos, especificaciones técnicas generales y particulares, esquemas unifilares, planillas de servidumbre, etc.

BIBLIOGRAFÍA CONSULTADA

Buchholz, Th. y H. Happoldt. *Centrales y redes eléctricas.* Editorial Gustavo Gili S.A., 1979, Barcelona.

Checa, Luis María. *Líneas de Transporte de Energía*. Editorial Marcombo, 2ª edición, 1979, Barcelona.

Fuchs, Rubens Dario y Marcio Tadeu de Almeida. *Projetos Mecânicos das Linhas Aéreas de Transmissão*. Editora Edgard Blücher Ltda., 1982, San Pablo.

Marcelic, Pedro. *Transmisión de la energía*. Publicación Ediar de Ingeniería, 1960, La Plata.

Reglamentación de Líneas Aéreas Exteriores de Media Tensión y Alta Tensión. Asociación Electrotécnica Argentina, 2003.

www.ingramcontent.com/pod-product-compliance
Lightning Source LLC
Chambersburg PA
CBHW070403200326
41518CB00011B/2048